Sitzungsberichte

der

mathematisch-naturwissenschaftlichen Abteilung

der

Bayerischen Akademie der Wissenschaften

zu München

Jahrgang 1929

München 1929
Verlag der Bayerischen Akademie der Wissenschaften
in Kommission des Verlags R. Oldenbourg München

Akademische Buchdruckerei F. Straub in München.

Inhaltsübersicht.

Sitzungsberichte

der mathematisch-naturwissenschaftlichen Abteilung der Bayerischen Akademie der Wissenschaften 1929

Sitzung am 9. November 1929.

1. Herr F. Broili teilt seine

„Beobachtungen an neuen Funden von Gliedertieren aus dem rheinischen Unter-Devon“

mit.

Verschiedene Exemplare der Crustaceen Nahecaris machen es in hohem Grade wahrscheinlich, daß derselbe außer Stielaugen auch sessile Augen besaß, was innerhalb der Crustaceen eine einzig dastehende Erscheinung ist. Nachdem die Gattung ferner durch ein ihr allein zukommendes Merkmal, nämlich durch den Besitz von zwei Paar geringelter Geißeln ausgezeichnet ist, scheint sie eine Form von generalisiertem Gepräge darzustellen. — Eine Riesenform innerhalb der Gruppe der Archaeostraca ist die, nach ihrem Entdecker Herrn Diplomingenieur Herold so benannte Heroldia, von der ein von Herrn Herold unserer Staatssammlung geschenktes Exemplar die Länge von 60 cm erreicht. Auf Grund der Bauart der Abdominalsegmente besaß das Tier eine gute Schwimmfähigkeit. — Vollständig neu für die Fauna und bis jetzt überhaupt der einzige mit Sicherheit fossil bekannte Vertreter der ganzen Gruppe ist der wohlerhaltene Rest einer Asselspinne, eines Pantopoden und zwar eines Vertreters mit vier Paar Schreitbeinen, ein Fund, der durch Herrn Diplomingenieur Maucher der Staatssammlung übermittelt wurde.

(Erscheint in den Sitzungsberichten.)

2. Herr A. Pringsheim legt für die Sitzungsberichte Nr. III seiner kritisch-historischen Bemerkungen zur Funktionentheorie:

„Über einen Mittag-Lefflerschen Beweis des Cauchyschen Integralsatzes und einen damit zielverwandten des Herrn Lichtenstein"

vor und bemerkte dazu:

Ich berichtige zunächst eine irrtümliche Äußerung Mittag-Leffler's, in Bd. 39 der Acta Mathematica (1923) die auf einem völligen Mißverstehen eines Zitats aus einer meiner früheren Arbeiten beruht. Ich wende mich dann zu einer in dem gleichen Aufsatze enthaltenen Behauptung, nach welcher er bereits 1873 einen (sc. ihm selbst) durchaus bindend erscheinenden Beweis des Cauchyschen Integralsatzes veröffentlicht habe, der geringere Voraussetzungen beanspruche, als die früheren Beweise. Er ist volle 50 Jahre später im Journal für Mathematik Bd. 152 (1923) auf diesen Beweis zurückgekommen und gibt eine neue Darstellung, die er „als einen fast wörtlichen Bericht" über jenen früheren Beweis bezeichnet. Es ist nicht ganz leicht, diese gelinde gesagt stark euphemistische Ausdrucksweise mit dem wahren Sachverhalt in Einklang zu bringen. Immerhin kann man, ohne der historischen Wahrheit zu nahe zu treten, sagen, daß schon jener frühere Beweis mit einigen leicht zu machenden Ergänzungen die Tatsache begründen, daß Mittag-Leffler als erster die Idee eines Beweises des Cauchy'schen Satzes ohne Voraussetzung der Derivirten-Existenz konzipiert und mit Erfolg durchgeführt hat.

Eine noch merklich verallgemeinerte Lösung dieses Problems hat Herr Leon Lichtenstein gegeben (Sitz.-Ber. Math. Ges. Berlin, 22. 7. 1910). Ich gebe eine kurze Analyse des schönen Beweises und knüpfe daran gewisse Vereinfachungen.

An die vorstehende Arbeit schließen sich noch zwei ergänzende Nachträge zu Nr. I und II dieser Bemerkungen, von denen insbesondere der zweite eine wertvolle Verallgemeinerung des früheren Ergebnisses enthält.

(Erscheint in den Sitzungsberichten.)

3. Herr E. Kaiser legte eine Arbeit von M. Storz vor, welche den zweiten Teil der 1928 herausgegebenen Monographie:

„Die sekundäre authigene Kieselsäure in ihrer petrogenetisch-geologischen Bedeutung. I. Teil. Verwitterung und authigene Kieselsäure führende Gesteine"

bildet.

Einkieselung und Verkieselung werden eingehend sowohl vom physikalischen wie chemischen Standpunkt aus behandelt. Es ergeben sich verschiedene Arten der Verkieselung in der Auflösungs- und Molekularverkieselung, in der statischen und dynamischen, in der direkten und indirekten, in der Einstoff- und Mehrstoffverkieselung. Berücksichtigung der gegenseitigen Größenverhältnisse der verkieselten Mineralkörner und der entstehenden Kieselsäureaggregate führt zur Trennung einer hyperblastischen, oligoblastischen und polyblastischen Verkieselung, die Beachtung der Orientierung der neugebildeten Quarzkristalle gegenüber den natürlichen Strukturbahnen der verkieselten Mineralien führt dagegen zur Unterscheidung einer homoblastischen und heteroblastischen Verkieselungsart.

Ein spezieller Teil schildert die Vorgänge und Neubildungen bei den verschiedenartigsten Gesteinen.

Diese systematischen Untersuchungen klären uns die Bewegung und den Neuabsatz der Kieselsäure im Gefolge von Verwitterungsvorgängen in der Erdrinde von neuartigen Gesichtspunkten auf und sind damit nicht nur für die chemische Geologie von besonderer Bedeutung.

(Die Arbeit erscheint in Buchform an anderer Stelle.)

4. Herr S. Finsterwalder überreicht für die Sitzungsberichte eine Abhandlung von R. Sauer:

„Herleitung differential-geometrischer Flächeneigenschaften aus Sehnendreiecksflachen".

Durch geeignete Grenzübergänge werden die Fundamentalgleichungen der Flächentheorie aus den elementargeometrisch ableitbaren Bedingungen für den Aufbau eines Vielflachs aus Dreiecken gewonnen, die zu sechst eine Ecke bilden.

(Erscheint in den Sitzungsberichten.)

5. Außerdem überreicht Herr S. Finsterwalder im Auftrage des Verfassers das Buch von Moritz v. Rohr:

„Josef Fraunhofer".

6. Herr O. Perron legt eine Arbeit von Professor Szász (Frankfurt) vor:

„Verallgemeinerung und neuer Beweis einiger Sätze Tauberscher Art."

Die Verallgemeinerung der bekannten Sätze vom Tauberschen Typus ergibt sich dadurch, daß an Stelle der Potenzreihen und Dirichletschen Reihen allgemeine Laplace-Abelsche Integrale betrachtet werden, in denen diese Reihentypen als Spezialfälle enthalten sind. Das zunächst sich darbietende Stieltjessche Integral wird dabei durch partielle Integration in ein gewöhnliches Riemannsches Integral verwandelt, wodurch der Beweisgang sich einfacher und übersichtlicher gestaltet.

(Erscheint in den Sitzungsberichten.)

7. Herr O. Perron legt ferner eine Arbeit vor:

„Die Winkeldreiteilung des Schneidermeisters Kopf"

Es handelt sich um eine recht gute Näherung.

(Erscheint in den Sitzungsberichten.)

8. Herr H. Wieland teilt mit:

„Untersuchungen über das weibliche Sexualhormon".

Es wird über eine gemeinsam mit W. Straub und Th. Dorfmüller ausgeführte Arbeit berichtet, in der aus dem Benzolextrakt von Schwangerenharn eine krystallisierte Substanz von hoher Wirksamkeit an der castrierten Maus isoliert werden könnte.

(Veröffentlichung erfolgt an anderer Stelle.

Sitzung am 7. Dezember 1929

Herr Tietze berichtet über den Zusammenhang der Formel für die Produktintegration (partielle Integration) mit dem Satz von der Vertauschbarkeit der Reihenfolge von Integrationen.

Verzeichnis
der im Jahre 1929 eingelaufenen Druckschriften.

Die Gesellschaften und Institute, mit welchen unsere Akademie in Tauschverkehr steht, werden gebeten, nachstehendes Verzeichnis als Empfangsbestätigung zu betrachten.

Aachen. Geschichtsverein:
— — Zeitschrift Bd. 50 (1928).
— Ignatiuskolleg Valkenburg:
— — Naturhist. Maandblad 18, 1—6.
— — Scholastik 3. 4.

Aarau. Historische Gesellschaft des Kantons Aarau:
— — Argovia 42.

Aberdeen. University:
— — Studies 93. 94. 95. 99.

Abisko. Observatorium:
— — Observations météorologiques 1926—1928.

Abo. Akademie:
— — Acta a) Humaniora 5. b) Mathematica 5.
— Universitätsbibliothek:
— — Annales A 2. B 5. 6, 1. 7.

Adelaide. R. Society of South Australia:
— — Transactions 52.

Agram. Akademie:
— — Ljetopis 40. 41.
— — Rad 236.
— — Rjecnik 41. 42.
— — Starine 36.
— — Svezak 22. 23.
— Kroat. Archäolog. Gesellsch.
— — Vjenik 15.

Aix. Société d'études Provençales:
— — Annales de Provence 20, 1—4.

Albany. New York State Library:
— — Annual Report of Education Departm. 25, 1.
— — Bulletin New York State Museum 279.
— — Handbook 5–8.

Allegheny. Observatory:
— — Publications 6, 10. 11.

Altenburg. Naturforsch. Gesellschaft d. Osterlandes:
— — Mitteilungen 20.
— Geschichts- u. Altertumsforsch. Ver. d. Osterlandes:
— — Mitteilungen 13, 5.

Amsterdam. Academie van Wetenschappen:
— — Verhandelingen Afd. Natuurkunde 24, 2—4. 25, 1.
— — Verhandelingen Afd. Letterkunde 25, 3. 26, 1.
— — Science in the Netherlands East Indies 1929.
— K. N. aardrijkskundig Genootschap:
— — Tijdschrift 45, 1—6.
— Wiskundig Genootschap:
— — Nieuw Archief 16, 1. 2.
— — Wiskundige Opgaven 14, 4.
— — Revue des publications mathématiques 33, 2.
— Nederl. botanische Vereeniging:
— — Recueil des travaux botaniques 25, 3. 4.
— Nederl. dierkundige Vereeniging:
— — Tijdschrift 20.

Annaberg. Verein f. Geschichte von Annaberg:
— — Mitteilungen 17. 18.

Ann Arbor. Detroit Observatory:
— — Publications 2. 3.
— University:
— — Papers 9. 10.
— — Engineering Research Bulletin 12.
— — Misc. Publications Mus. of zoology 18.
— — Circular Series 1.
— — Reprint Series 1–3.
— — Language and Literature 1—4.
— — Hoskier: Concerning the text of the Apocalypsis 1. 2.

Athen. Akademie:
— — Praktika 1928, 7—9. 1929, 1—5.
— Bibliothèque de l'école française:
— — Bulletin du correspondance hellénique 52, 1–6.
— Archäologische Gesellschaft:
— — Praktika 15—26. 1927.

Augsburg. Naturwiss. Verein:
— — Bericht 47.

Baku. Université:
— — Bulletins 1—5.
— — Annals 6—10. 13.
— — Izvestja pram. fakult. 1—4.
— — Trudy Geobot. 1—3.
— — Journal 1, 1—6. 2, 1—6. 3, 1—4.

Baltimore. John Hopkins University:
— — Journal of mathematics 50.
— — Journal of philology 193—196.
— — Studies in historical and polit. science 46.
— — Circular 1928.

Bamberg. Histor. Verein:
— — Jahresbericht 81.

Barcelona. R. Academia de ciencias y artes:
— — Boletin 5, 6.
— — Memorias 20, 15. 16. 21, 1—16.
— — Nomina del personel 1928/29.
— Institut d'estudis Catalans:
— — Memories Secc. filol. 1, 2.
— — Memories Secc. de scienc. 1, 1.
— — Obra del canconer popular de Catalunya Materials 1, 2. 2.
— — Quaresma de S. Vinc. Ferrer 1927.
— Institucio Catalana d'Historia Natural:
— — Butlleti 1928 Jan.—Juni. Okt.—Dez.

Bari. R. Università:
— — Annali 1928, 2.

Basel. Schweizerische chemische Gesellschaft:
— — Helvetica chimica acta 12, 1—5.
— Naturforschende Gesellschaft:
— — Verhandlungen 39.
— Universitätsbibliothek:
— — Jahresverzeichnis 1928.
— — Dissertationen 1928.

Batavia. Batav. Genootschap van Kunsten en Wetenschappen:
— — Tijdschrift voor Ind. taal-en volkenkunde 67. 68, 1—2.
— — Verhandelingen 68, 4.
— — Dagh-Register 1682 Bd. 1.
— — Schriecke, B.: The Effect of the Western Influence 1629.
— — Adriani: Nederlandsch-Woordenbock 1928.
— — Festbundel 1778—1928. D. 1. 1929.
— Magnet.-meteorol. Observatorium:
— — Verhandelingen 20. 21.
— — Observations 47.
— — Regenwarnemingen 49.

Batavia. Naturkundige Vereenigung in Nederlandsch-Indie:
— — Tijdschrift 88, 3. 89, 2.

Bautzen. Naturwissenschaftliche Gesellschaft:
— — Mitteilungen 15. 16.

Bayreuth. Historischer Verein:
— — Archiv 29, 3. 30, 1.

Belgrad. Serbische Akademie der Wissenschaften:
— — Glas 129—135.
— — Godisnjak 36.
— — Spomenik 66. 68.
— — Srpski etnogr. Zbornik 43.
— — Zbornik istorijski 17—19.
— — Posena Izdania 69—71.
— — 2. Congrès intern. des Ét. Byzant. 1927 Belgrad 1929.
— Russisch-Archäologische Gesellschaft:
— — Sbornik 1 (1927).
— Geographische Gesellschaft:
— — Bulletin 11—13.
— Nationalmuseum:
— — Starinar 4

Bergen. Museum:
— — Skrifter 2, 2.
— — Aarbok 1928, 2. 3. 1929, 1.
— — Sars: Crustacea 9, 15/16.
— — Aarsberetning 1927/28.

Berkeley. University:
— — Bulletin 22, 7. 8.
— — Bulletin seismogr. Station 2, 1—16.
— — Chronicle 29. 30.
— — Bulletin College of Agriculture 460—467.
— — Hildegardia 3, 1—20.
— — Memoirs 8.
— — Publications Anatomy 1, 1. 2.
— — „ American Archaeology 23, 8—10. 24, 1.
— — „ Botany 14, 1—15. 17—20. 15.
— — „ Economics 6, 1.
— — „ Engineering 2, 9—11.
— — „ Entomology 4, 11—12.
— — „ Geography 2, 12—14.
— — „ Geology 17, 8—11. 18, 1—10.
— — „ History 16.
— — „ Mathematics 2, 4/5.
— — „ Classical philology 9, 4—9.
— — „ Modern philology 13, 4.

Berkeley. University:
— — Publications Semitic philology 7, 2. 3.
— — „ Philosophy 9. 10.
— — „ Physiology 7, 4—7.
— — „ Psychology 3, 5. 6.
— — „ Zoology 30, 6—14. 31, 1—19.
— — Spain and Spanish America in the Libraries of the Univ. of California 1. B. 1928.

Berlin. Akademie der Wissenschaften:
— — Abhandlungen Phil.-hist. Kl. 1929.
— — Abhandlungen Naturwiss. Kl. 1929.
— — Sitzungsberichte Phil.-hist. Kl. 1929.
— — Sitzungsberichte Naturwiss. Kl. 1929.
— Gartenbaugesellschaft:
— — Gartenflora 1929.
— Deutsche Chemische Gesellschaft:
— — Berichte 62, 2—8.
— Deutsche Geologische Gesellschaft:
— — Abhandlungen 81.
— — Monatsberichte 1928, 8—12.
— Deutsches Archäologisches Institut:
— — Jahrbuch 43, 1—4.
— — Mitteilungen Röm. Abt. 43.
— — Mitteilungen Athen. Abt. 52. 53.
— — Rodenwaldt, Archäologisches Institut 1829—1929. B. 1929.
— — Verzeichnis der Teilnehmer an der Jahrhundertfeier 1929.
— Meteorologisches Institut:
— — Veröffentlichungen 360—365.
— Deutsches Kali-Institut:
— — Die Ernährung der Pflanze 25.
— Preußische Geologische Landesanstalt:
— — Abhandlungen 111—114.
— — Jahrbuch 48.
— Astronomisches Recheninstitut:
— — Berliner astronomisches Jahrbuch 1931.
— — Veröffentlichungen 47.
— Universitätssternwarte:
— — Veröffentlichungen 7, 4. 5.
— — Kleinere Veröffentlichungen 5. 6.
— Verein für die Geschichte der Mark Brandenburg:
— — Forschungen zur brandenb. und preuß. Geschichte 41, 1. 2.
— Verein für die Geschichte Berlins:
— — Mitteilungen 1928. 3. 4. 1929, 1.
— Zeitschrift für Instrumentenkunde:
— — Zeitschrift 49.

Berlin. Zentralstelle für Balneologie:
— — Veröffentlichungen N. F. 9—16.
— — Zeitschrift für wissenschaftliche Bäderkunde 1929, 4—7.

Bern. Historischer Verein des Kantons Bern:
— — Archiv 30, 1.
— Schweizer Naturforschende Gesellschaft:
— — Actes 109.
— — Neue Denkschriften 64, 2. 3.
— Allgem. geschichtsforsch. Gesellschaft d. Schweiz:
— — Zeitschrift 1928, 3. 4.
— — Quellen zur Schweizer Geschichte N. F. 3, 1.
— Universitätskanzlei:
— — Universitätsschriften für 1928.

Beuron. Erzabtei:
— — Benediktinische Monatsschrift 1929.

Beyrouth. Université de St. Joseph:
— — Catalogue de l'Imprimerie Catholique 1929.

Birmingham. Natural history and philosophical Society:
— — Proceedings 15, 7. 8.
— — Annual Report 1929.

Bloemfontein. Nasionale Museum:
— — Argeologiese Navorsing 1, 1.

Bologna. Accademia delle scienze dell' Istituto:
— — Memorie. Cl. d. sc. fisiche 8, 3. 4. Suppl. 5.
— — Rendiconto. Cl. d. sc. morale 10. Ser. 3, 1. 2.
— — Rendiconto. Cl. d. sc. fisiche 32.
— Unione Matematica:
— — Bollettino 8.

Bonn. Verein von Altertumsfreunden im Rheinland:
— — Bonner Jahrbücher 133.

Boston. American Academy of arts and sciences:
— — Memoirs 15. 4.
— — Proceedings 63, 1—12.
— Museum of Fine Arts:
— — Bulletin 157—162.
— Society of Natural History:
— — Memoirs 8, 4.
— — Occasional Papers 7, 12. 13.
— — Proceedings 39, 1—4.

Braunsberg. Akademie:
— — Verzeichnis der Vorlesungen W. u. S. S. 1929.

Braunschweig. Archiv der Stadt:
— — Werkstücke 4.

Bremen. Wissenschaftliche Gesellschaft:
— — Schriften Reihe E 7, 1.
— — Abhandlungen und Vorträge 2, 4. 3, 1—3.
— — Festschrift zur Feier des alten Gymnasiums 1928.
— Meteorologisches Observatorium:
— — Jahrbuch 37. 38.

Brescia. Ateneo:
— — Commentari 1926. 1927.

Brisbane. Queensland Museum:
— — Memoirs 9, 3.
— R. Society of Queensland:
— — Proceedings 40.

Brooklyn. Museum of the Institut of arts and sciences:
— — Science Bulletin 3, 5.

Brünn. Verein für die Geschichte Mährens und Schlesiens:
— — Zeitschrift 30, 4. 31, 1. 2.
— Naturforschender Verein:
— — Verhandlungen 60.
— Masarykovy University:
— — Spisy 96—108.
— — Publications de la faculté philos. 24—29.
— — Publications de la faculté de Médécine 6.
— — Bulletin de l'Ecole Super. d'Agronomie C 12—14. 10.
— — Publications Biologiques 4—6.
— — Acta Societatis Scient. Naturalium 4.

Brüssel. Jardin botanique:
— — Bulletin 11.
— Musée d'histoire naturelle de Belgique:
— — Mémoires 37—40.
— Société des Bollandistes:
— — Analecta Bolandiana 46, 3. 4. 47, 1. 2.
— Société botanique:
— — Bulletin 60, 2. 61, 1. 2.

Bryn Mawr. College:
— — Reprint Series 14.
— — Dissertationen.

Budapest. Akademie:
— — Mathem. und naturwissenschaftl. Berichte aus Ungarn 35.
— — Elhunyt tagjai fölött . . . 20, 1—12.
— — Értekezések nyclotudomanyi 24, 5—11. 14.
— — Ertesitő Archaeologiai 41. 42.
— — Ertesitő Mathemat. 45.
— — Irodalomtörteneti Közlemények 37. 38. 39.
— — Revue d'études Hongroises 6, 1.

Budapest. Ungar. Ethnographische Gesellschaft:
— — Népélet 39, 3/4. 40, 1.
— — Föld es ember 7. 8, 1. 9.
— — Antropologiai fűrzetek 2, 1—6.
— K. Ungar. Gesellschaft für Naturwissenschaften:
— — Kőzlemények Botanikai 25.
— — Kőzlemények Allatani 25.
— Ungar. Protest. Lit. Gesellschaft:
— — Protestans Szemle 38, 1—6.
— Ungar. Geol. Reichsanstalt:
— — Főldtani kőzlony 53.
— — Geologia Hungarica 1. 2, 1. 3.
— Ungar. Ornithol. Gesellschaft:
— — Aquila 34. 35.
— Kőnkőly Observatorium:
— — Stella 1929.
— Nemzeti Museum:
— — Magyar Jogi Szemle 9, 9. 10.
— — Az időjárás 1928.
— — Javorka: Flora Hungarica 1—3.

Buenos Aires. Instituto de investigaciones historicas:
— — Veröffentlichungen 35—39.
— Museo Nacional:
— — Anales 34.
— Seminario Matematico:
— — Boletin 1—3.
— Sociedad cientifica:
— — Anales 106. 107.
— Deutsch-akad. Vereinigung:
— — Phönix 14, 1—6. 15, 1—3.

Buitenzorg. Department van landbouw:
— — Bulletin du jardin botanique 10, 1. 2.
— — Mededeelingen ... voor the 100.
— — Mededeelingen van het statist. Bureau 62. 63. 66. 67. 70. 73. 76.
— — Mededeelingen van Inst. vor plantenziekten 74.
— Naturwissensch. Rat:
— — Veröffentl. Nr. 1. 2.

Bukarest. Academia Română:
— — Memoriile (Sect. literar.) 3, 1—3.
— — Bulletin (Sect. hist.) 14. 15.
— — Discursuri 60. 61.
— — Kulturnachrichten 3, 1—5.
— Sozialinstitut:
— — Archiva 6, 1—4.

Calcutta. Indian Association for the cultivation of science:
— — Indian Journ. of Physics 3. 4.
— Indian Museum:
— — Memoirs 9, 1. 2. 5.
— R. Asiatic Society:
— — Journal and proceedings 23, 1—4. 24, 1. 2.
— — Memoirs 11, 1. 2.
— Indian Chemical Society:
— — Quarterly Journal 6, 1—4.
— Mathematical Society:
— — Bulletin 21, 1. 2.
— Geological Survey of India:
— — Memoirs 53.
— — Records 61.
— — Palaeontologia Indica 12.

Cambridge. Antiquarian Society:
— — Publications 49. 50.
— — Proceedings 29. 30.
— Philosophical Society:
— — Proceedings 24, 1—4.

Cambridge (Mass). Peabody Museum:
— — Papers 11, 3.
— Museum of compar. zoology:
— — Bulletin 69, 1—8.
— — Memoirs 51.
— Astronomical Observatory:
— — Bulletin 863—869
— — Circulars 335—338.
— — Annual Report 82. 83.

Catania. Società di storia patria per la Sicilia Orientale:
— — Archivio storico 23.

Charkow. Allukr. Ges. für orientalische Studien:
— — Schidnji Svit 1—8.

Charlottenburg. Physikal.-techn. Reichsanstalt:
— — Die Tätigkeit 1928.
— — Wissenschaftliche Abhandlungen 12, 2.

Chicago. Oriental Institute:
— — The Orient. Inst. 1. 2.
— — Communications 2—5.
— Wilson Ornith. Club:
— — Laboratory Bulletin 50—53.
— John Crerar Library:
— — Report 1928.

Chicago. Field Museum of Natural History:
— — Publications 249—247.
— — Anthropology Leaflet 22. 24. 25. 27.

Chur. Histor. antiqu. Gesellsch. f. Graubünden:
— — Jahresbericht 58.

Cincinnati. University Library:
— — Record 24, 3, 1. 25, 3, 1.

Cleveland. Archaeological Institute of America:
— — Americ. Journal of Archaeology 32, 4. 33, 1. 2.

Coimbra. O Instituto. Redaccão:
— — O Instituto 77, 1—4.

Colombo. Museum:
— — Ceylon Journal of Science B 15, 1—3.

Columbia. University Library:
— — Studies 3, 1—4.
— — Mathematic Series 1, 1.
— — Literary and linguistic Series 1. 2.

Columbus (Ohio). American Chemical Society:
— — Journal 51.

Cordoba. (Argentinien.) Academia nacional de ciencias:
— — Boletin 31, 1. 2.

Danzig. Westpreußischer Geschichtsverein:
— — Quellen und Darstellungen 14.

Darmstadt. Firma E. Merck:
— — Jahresbericht 42.
— Historischer Verein für Hessen:
— — Archiv für hessische Geschichte 15, 1—3.

Davos. Meteorolog. Station:
— — Jahresübersicht 1928.

Denver. Colorado Scient. Soc.:
— — Proceedings 399—434.

Dessau. Anhalt. Geschichtsverein:
— — Anhalt. Geschichtsblätter 4.

Donaueschingen. Verein für Gesch. und Naturgesch. der Baar:
— — Schriften 17.

Dorpat. Gelehrte esthnische Gesellschaft:
— — Verhandlungen 25, 1.
— Naturforscher-Gesellschaft:
— — Schriften 24.
— — Sitzungsberichte 35, 3/4.
— Universitätsbibliothek:
— — Acta et commentationes A 12—14. B. 13. 14. 16.

Dresden. Sächsischer Altertumsverein:
— — Neues Archiv für sächsische Geschichte 49, 1. 2.
— Flora. Gesellschaft für Botanik:
— — Sitzungsberichte 26—33.
— Isis:
— — Festschrift R. Baldauf.
— Journal für praktische Chemie:
— — Journal 1929.
— Sächsische Landeswetterwarte:
— — Deutsches meteorologisches Jahrbuch 44.
— Verein für Erdkunde:
— — Mitteilungen 1928.

Dublin. Royal Irish Academy:
— — Proceedings Vol. 38 A 1—5. B 1—14. C 1—5.
— Royal Dublin Society:
— — Economic Proceedings 20—25.
— — Scientific Proceedings 19, 1—28.

Edinburgh. Royal College of Physicians:
— — Reports 17.
— Mathematical Society:
— — Proceedings Ser. 2 Vol. 1, 1—4.
— — Mathematical Notes 21—24.
— Royal Society:
— — Proceedings 48, 3. 49, 1—3.
— — Transactions 56, 1.

Einbeck. Verein für Gesch. und Altertümer:
— — Jahresbericht 11. 32.

Eisenberg. Geschichts- und altertumsforsch. Verein:
— — Mitteilungen 37.

Emden. Naturforschende Gesellschaft:
— — Jahresbericht 1918—27.
— Gesellschaft für bildende Kunst:
— — Upstalsboom-Blätter 14.

Erfurt. Akademie gemeinnütz. Wissenschaften:
— — Jahrbücher 48.
— — Abt. für Erziehung. Veröff. 1—20.
— — Schriftenreihe Wirtschaft und Verwaltung 1.
— — Kunze: Das Erfurter Kunsthandwerk 1929.
— Verein für Geschichte und Altertumskunde:
— — Mitteilungen 45.

Erlangen. Universitäts-Bibliothek:
— — Dissertationen 1928.

Fiume. Deputazione Fiumana di storia patria:
— — Fiume 6, 2.

Florenz. R. Accademia dei georgofili:
— — Atti 23, 1, 25, 3. 4.
— Società di studi geografici:
— — Rivista geografica italiana 35, 1. 3. 6. 36, 1—4.
— Osservatorio Ximeniano:
— — Publicazioni 133—135.

Frankfurt a. M. Senckenbergische Bibliothek:
— — Bericht 21/22.
— Senckenbergische Naturforsch. Gesellschaft:
— — Abhandlungen 41, 1—7.
— — Senckenbergiana 10, 5. 6. 11, 1—4.
— — Natur und Museum 58, 9—12. 59, 1—11.
— Römisch-german. Kommission:
— — Germania 13, 1—4.
— Verein für Geschichte und Altertumskunde:
— — Archiv für Frankfurts Geschichte 4, 1. 2.
— Physikalischer Verein:
— — Jahresbericht 1927—28.

Frauenfeld. Thurgauische Naturforsch. Gesellschaft:
— — Mitteilungen 27.

Freiburg i. Br. Naturforsch. Gesellschaft:
— — Berichte 28, 2.
— Kirchengeschichtl. Verein:
— — Freiburger Diözesanarchiv 56.
— Universitätsbibliothek:
— — Universitätsschriften 1929.

Friedberg i. H. Geschichtsverein:
— — Geschichtsblätter 9, 1.

Friedrichshafen. Verein für Geschichte des Bodensees:
— — Schriften 56.

Fukuoka. Universität:
— — Acta medica 21, 12.

Fulda. Geschichtsverein:
— — Geschichtsblätter 21. 22, 1—3.
— — Veröffentlichung 20.

Geestemünde. Männer vom Morgenstern:
— — Mitteilungen 8.
— — Jahrbuch 23.

Geneva. Agricultural Experiment Station:
— — Bulletin 554—569.
— — Technical Bulletin 135—148.
— — Annual Report 46. 47.

Genf. Conservatoire et jardin botanique:
— — Candollea 3.
— Institut National:
— — Mémoires 22.
— Musée d'art et d'histoire:
— — Bulletin 7.
— Société de physique et d'histoire naturelle:
— — Comptes rendus 46, 1. 2.
— Universitätsbibliothek:
— — Thesen 1928.

Gent. Kruitkundig genootschap „Dodonaea“:
— — Botan. Jaarboek 19. 20.

Genua. Museo civico:
— — Annali 51. 52.
— Museo di zoologia e anatomia comparata:
— — Bolletino Nr. 1—27.

Giessen. Oberhessischer Geschichtsverein:
— — Mitteilungen 28.
— Oberhessische Gesellschaft für Natur- und Heilkunde:
— — Bericht der naturwiss. Abt. 12.
— Universitätsbibliothek:
— — Schriften der hessischen Hochschulen 1928, 1—3.
— — Dissertationen 1928/29.

Görlitz. Gesellschaft für Anthropologie und Urgeschichte der Oberlausitz:
— — Veröffentlichungen 2, 1—5.
— Oberlausitz. Gesellschaft der Wissenschaften:
— — Neues Lausitz. Magazin 104.
— Naturforschende Gesellschaft:
— — Abhandlungen 30, 3.

Göteborg. Högskola:
— — Handlingar 34 und Bihang 47.

Göttingen. Gesellschaft der Wissenschaften:
— — Abhandlungen phil.-hist. Kl. 23, 1. 24, 1.
— — Abhandlungen math.-physik. 13, 3. 4. 14, 1. 16, 1.
— — Gelehrte Anzeigen 190, 9—12. 191, 1—6.
— — Nachrichten phil.-hist. Kl. 1928, 1.
— — Nachrichten math.-physik. Kl. 1928, 1. 2.
— — Gauß Werke 11, 1 nnd 12.

Granville. Scientific Association of Denison University:
— — Bulletin 23, 3—8. 24, 1—5.

Graz. Universitätsbibliothek:
— — Vorlesungs- und Personalverzeichnis 1928/29.

Graz. Historischer Verein der Steiermark:
— — Blätter für Heimatkunde 4—6, 6.
— — Zeitschrift 24, 1—4.
— Naturwissenschaftlicher Verein für Steiermark:
— — Mitteilungen 62. 63.
— — Sölch: Die Landformen der Steiermark 1928.

Greifswald. Rügisch-Pommerscher Geschichtsverein:
— — Pommersche Jahrbücher 24.

Grenoble. Université:
— — Annales Sect. Lettres — Droit 5, 1.
— — Annales Sect. Sciences — Médecine 5, 1.

Grimma. Fürstenschule:
— — Jahresbericht 1928/29.

Groningen. Neophilologus:
— — Neophilologus 14, 1—4.

Guben. Gesellschaft für Anthropologie:
— — Niederlausitzer Mitteilungen 18, 1. 2.

Haag. Allgem. Rijksarchief:
— — Archievenblad 36.
— K. Instituut voor de taal-, land- en volkenkunde van Nederlandsch-Indie.
— — Bijdragen 84, 4. 85, 1.
— — Naamlijst 1929.

Haarlem. Hollandsche Maatschappij der Wetenschappen:
— — Archives Néerland. de phonetique 4.
— — Archives Néerland. Sér. 3 A 12, 1. B 5, 1. C 13. 14, 1—3.

Halifax. Nova Scotian Institute of Science:
— — Proceedings 17, 2.

Halle. K. Leopold.-karolin. deutsche Akademie:
— — Nova acta 110.
— — Leopoldina 3. 4.
— Deutsche morgenländische Gesellschaft:
— — Zeitschrift 82, 3/4. 83, 1/2.
— — Deutsche Morgenländische Gesellschaft 1845—1928.
— Verlagsbuchhandlung Wilhelm Knapp:
— — Metall und Erz 26.
— Naturwissenschaftlicher Verein für Sachsen und Thüringen:
— — Zeitschrift für Naturwissenschaften 89, 1. 2.
— Thüringisch-sächsischer Verein für Erforschung des vaterl. Altertums:
— — Zeitschrift 17, 1. 2.
— Universitätsbibliothek:
— — Hallesche Universitätsreden 36—43.
— — Dissertationen 1929.

Hamburg. Bibliothek Warburg:
— — Studien 13. 17, 1. 2.
— Stadt- und Universitätsbibliothek:
— — Entwurf des Staatshaushalts 1929.
— — Verhandlungen zwischen Senat und Bürgerschaft 1928.
— — Mitteilungen aus dem Zool. Staatsinstitut 43.
— — Mitteilungen aus dem Geol.-mineral. Staatsinstitut 10. 11.
— — Veröffentl. d. Seminar f. Sprache und Kultur Chinas 2.
— Hauptstation für Erdbebenforschung:
— — Monatl. Mitteilungen 1928, 10—12, 1929, 1—6.
— Deutsche Seewarte:
— — Annalen der Hydrographie 57.
— — Aus dem Archiv 44—46.
— — Jahresbericht 51.
— Naturwiss. Verein:
— — Verhandlungen 2, 1—4.
— Verein für hamburgische Geschichte:
— — Hamburgische Geschichtsblätter 4.
— — Zeitschrift 28. 29.
— Verein für Naturwissenschaften:
— — Verhandlungen 19. 20.

Hanau. Geschichtsverein:
— — Hanauisches Magazin 7, 8, 1—6.

Hannover. Naturhistorische Gesellschaft:
— — Jahresbericht 21.
— Verein für Geschichte der Stadt Hannover:
— — Hannoversche Geschichtsblätter 31.
— Historischer Verein für Niedersachsen:
— — Niedersächsisches Jahrbuch 4. 5.
— — Hannoversches Magazin 1—4.
— Technische Hochschule:
— — Dissertationen 1928/9.

Hartford. Geological and Natural History Survey:
— — Bulletin 43. 44.

Herlen. Geolog. Bureau voor het Nederl. Mijngebied:
— — Jaarverslag 1926.

Heidelberg. Akademie der Wissenschaften:
— — Sitzungsberichte der philos. Kl. 1928/29.
— — Sitzungsberichte der math.-naturwiss. Kl. 1929, 1
— Sternwarte:
— — Veröffentlichungen 8, 1—14. 9.
— Universitätsbibliothek:
— — Univ.-Reden 1—4. 6. 7.
— — Dissertationen 1928/29.

Heidelberg. Historisch-philologischer Verein:
— — Neue Heidelberger Jahrbücher 1929.
— Naturhist.-med. Verein:
— — Verhandlungen 16.

Helgoland. Biologische Anstalt:
— — Meeresuntersuchungen Abt. Kiel 20, 2. Abt. Helgoland 16, 2.

Helsingfors. Finnische Akademie der Wissenschaften:
— — Annales Ser. B. 22.
— — F. F. Communications 78–82.
— Finnische Altertumsgesellschaft:
— — Tidskrift 1927.
— Commission géologique:
— — Bulletin 85. 86.
— Forstwissenschaftliche Gesellschaft:
— — Acta forestalia 33. 34.
— — Silva fennica 1—12.
— — Commentationes forestales 1. 2.
— Historische Gesellschaft:
— — Arkisto 36. 37.
— — Hist. Tutkimuksia 10. 11.
— — Tunkelo: Register zu Suomen 1841—1920. H. 1929.
— Finnländische Gesellschaft der Wissenschaften:
— — Årsbok 6.
— — Bidrag 82.
— — Commentationes biologicae 3, 1–3.
— — Commentationes humanar. litterarum 2.
— Sälskapet för Finlands geografi:
— — Fennia 48 (Atlas) 49. 61.
— — Acta geografica 1.
— Societas pro fauna et flora fennica:
— — Acta 57, 1.
— — Acta botanika 1, 1. 2. 3. 4/5.
— — Memoranda 4.
— Universitätsbibliothek:
— — Schriften 1928/29.
— Zentralanstalt für Meteorologie:
— — Meteorol. Jahrbuch 25, 1—3. 26, 1. 2.

Hermannstadt. Siebenbürgischer Verein für Naturwissenschaften:
— — Verhandlungen 78, 1. 2.
— Verein für siebenbürgische Landeskunde:
— — Archiv 41, 2. 3.

Hobart Town. R. Society of Tasmania:
— — Papers and Proceedings 1928.

Hyderabad. Observatory:
— — Veröffentl. 6.

Indianapolis. Academy of Sciences:
— — Proceedings 37.

Ingolstadt. Historischer Verein:
— — Sammelblatt 47.

Innsbruck. Ferdinandeum:
— — Veröffentlichung 6—8.

Jassy. Societatea de stinti:
— — Annales scientifiques 15, 3/5.
— Société des médecins et naturalistes:
— — Bulletin 37, 6.

Jekaterinburg. Oural. Soc. d'amateurs des sciences mathem.:
— — Bulletin 39.

Jena. Verein für thüring. Geschichte:
— — Mitteilungen 37.
— Mediz.-naturwiss. Gesellschaft:
— — Jenaische Zeitschrift 63.
— Verein für thüringische Geschichte:
— — Zeitschrift 28, 1.

Jerusalem. Universität:
— — Tarbiz 1, 1.
— — Kirjath Sepher 5, 4. 6, 1. 2. und einige hebr. Schriften.

Johannisburg. Observatorium:
— — Circular 78.
— Geological Society of South Africa:
— — Transactions and proceedings 31.

Jowa City. University:
— — Studies in child welfare 3, 1—6.
— — Studies in education 4, 1—8.
— — Studies in character 1, 1—4.
— — Studies in psychology 9—12.
— — Studies in natural history 12, 1—8.

Kansas. Academy of Sciences:
— — Transactions 31.

Kapstadt. R. Society of South Africa:
— — Transactions 17, 1—4.

Karlsruhe. Technische Hochschule:
— — Universitätsschriften 1928, 9.
— Badische historische Kommission:
— — Zeitschrift für Geschichte des Oberrheins 42, 4. 43, 1. 2.

Kasan. Physikal.-mathem. Gesellschaft:
— — Bulletin 3 Ser. T. 2. 3, 1.

Kasan. Universitätsbibliothek:
— — Uzenija Zapiski 89, 1–4.

Kassel. Verein für hess. Geschichte und Landeskunde:
— — Zeitschrift 57.

Kaufbeuren. „Heimat":
— — Deutsche Gaue 1928. 1929.

Kaunas. Universität:
— — Epe Lituana 3.

Kiel. Gesellschaft für schleswig-holsteinische Geschichte:
— — Zeitschrift 58.
— — Quellen und Forschungen 14—16.
— Naturwissenschaftlicher Verein f. Schleswig-Holstein:
— — Schriften 18, 2.

Kiew. Académie des sciences:
— — Sbirnik hist. philol. 75–87.
— — Mémoires de la classe des sc. phys. et math. 4, 2–6. 5, 1—5.
— — Sapiski ist. philol. 19—22.
— — Die jiddische Sprache 13—16.
— — Zahlreiche Einzelpublikationen.
— Polytechn. Institut:
— — Annales 21, 1.

Köln. Hist. Archiv der Stadt Köln:
— — Mitteilungen 39 40.
— Gesellschaft für rhein. Geschichtskunde.
— — Jahresbericht 48.

Königsberg. Physikal.-ökonom. Gesellschaft:
— — Schriften 65, 3. 4.
— Gelehrte Gesellschaft:
— — Schriften Geisteswiss. und naturwiss. Kl. je Jg. 5.
— Universitäts-Sternwarte:
— — Beobachtungen 44. 45.

Kopenhagen. Akademie der Wissenschaften:
— — Oversigt 1928/29.
— — Meddelelser Biologiske 7.
— — Meddelelser Filosofiske 2, 1.
— — Meddelelser Hist.-filol. 15, 2—4. 16, 1—3.
— — Meddelelser Mathem.-fisiske 8, 9—11.
— — Skrifter hist.-filol. 5, 1.
— — Skrifter naturvidensk. 12, 1—3. 9. Ser. T. 1, 1. 2.
— — Mohr: Euclides Danicus Kop. 1928.
— Carlsberg-Laboratorium:
— — Comptes rendus 17, 9—17.

Kopenhagen. Gesellschaft für nordische Altertumskunde:
— — Aarböger 3. R. 17. 18.
— — Mémoires 1926/27.
— Geodätisches Institut:
— — Bulletin Seismol. Stat. Scoresby 1.
— — Bulletin Seismol. Stat. Kopenhagen 1—5.
— Dansk naturhist. Förening:
— — Meddelelser 85. 86.
— Botanisk Haves Bibliothek:
— — Arbejder 110—113.
— Astronom Observatorium:
— — Publikationer 60—64.
— Dän. biolog. Station:
— — Report 34.
Kossino. Biolog. Station:
— — Trudy 2—4. 6—9.
Krakau. Akademie:
— — Anzeiger (Cl. de philol.) 1927, 4—10. 1928.
— — Anzeiger (Cl. des sciences) 1928.
— — Biblioteka pisazow 79. 80.
— — Comptes rendus des seances 1929.
— — Prace antropol.-archeol. 4, 1—3.
— — Prace komis. jezykow 3—15.
— — Prace komis. oriental. 1—12.
— — Prace komis. fisiograf. 1—5.
— — Prace komis. etnograf. 1—11.
— — Monografje polkich ceck gwaronich 1—5.
— — Rozprawy 1928.
— — Sprawozdanja 33, 1—10.
— — Pogaczewski, J.: Gobeliny Polskie 1929.
— — Gorski: Grzegarz Pawel . . . 1929.
— Poln. Mathematische Gesellschaft:
— — Schriften 7.
Kyoto. University:
— — Acta scholae medicinalis 10. 11.
— — Memoirs of the college of Engineering 5, 1—4.
Laibach. Musealverein f. Krain:
— — Glasnik. 7/8.
— Société de geographie:
— — Geogr. Vestnik 3. 4.
Landshut. Naturwiss. Verein:
— — Bericht 20.
La Plata. Museo:
— — Revista 28—31.
— — Anales 3.

La Plata. Universidad Nacional:
— — Annuario 19.
— — Publicaciones 18. 21. 23. 37. 41. 86. 87.

Lausanne. Société d'histoire de la Suisse Romande:
— — Mémoires 13. 14.
— Société Vaudoise des sciences naturelles:
— — Bulletin 222. 223.
— — Mémoires 3, 1. 3. 4. 5.

Lawrence. University of Kansas:
— — Science Bulletin 17.

Leeds. University:
— — Proceedings Scientif. Sect. 1, 8—10. Hist. Sect. 2, 1. 2.

Leiden. Physikalisches Laboratorium:
— — Communications 187—192. 196. 198. 200. Suppl. 63—66.
— Niederländisches Kultusministerium:
— — Bijdragen v. vaderlandsche geschiednis 6, 7.
— — Mnemosyne 56.
— — Museum 36.
— Sternwarte:
— — Annalen 16, 1—3.

Leipzig. Akademie der Wissenschaften:
— — Abhandlungen phil.-hist. Kl. 40, 1.
— — Abhandlungen math.-phys. Kl. 40, 4. 5. 41, 1.
— — Berichte ü. d. Verhandlungen phil.-hist. Kl. 80, 4.
— — Berichte ü. d. Verhandlungen math.-phys. Kl. 80, 4—7.

Leisnig. Geschichtsverein:
— — Mitteilungen 15.

Lembang. Java Sternwarte:
— — Annalen 2, 1. 3. 3, 2.

Lemberg. Société Polonaise des Naturalistes:
— — Kosmos 53.
— Sevčenko-Gesellschaft:
— — Sammelschrift der physiogr. Kommission 1. 2.
— Studia Mathematica:
— — Studia 1.
— Wissenschaftliche Gesellschaft:
— — Archivum B 4, 1—3. 5, 1—3. C 4, 7. 10. 11.
— — Studia nad historia 10, 2. 3. 11.
— Verein für Volkskunde:
— — Lud 6. 7.

Leningrad. Akademie der Wissenschaften:
— — Bulletin 1929. Sciences 1—3. Humanité 1—6.
— — Comptes rendus 1929.

Leningrad. Akademie der Wissenschaften:
— — Isvestja 31. 32.
— — Radloff, Uigurische Sprachdenkmäler L. 1928.
— Comité géologique:
— — Mémoires 181. 182. 189 und eine Anzahl früherer Hefte.
— — Matériaux pour la géol. generale 128. 132. 133. 135. 138.
— Geographische Gesellschaft:
— — Einige Einzelschriften von Solotarev, Andreev . . .
— Mineralogische Gesellschaft:
— — Verhandlungen 57, 1. 2.
— Physikalisch-chemische Gesellschaft:
— — Schurnal physikal. Abt. 61.
— Institut Hydrologique:
— — Travaux 1, 1. 2. 3, 1. 5, 1. 6, 1—5. 8, 1.

Leoben. Montanistische Hochschule:
— — Berg- und hüttenmänn. Jahrbuch 77.

Lille. Société des sciences:
— — Bulletin des sciences 1927/28.

Lima. Sociedad Geologica:
— — Boletin 1—3.

Lincoln. University Library:
— — Bullet. of agric. Exp. Station 196—198. 295.
— — Studies 25, 2—4.

Lissabon. Sociedade de geografia:
— — Boletim 46, 7—12. 47, 1—6.

Liverpool. Marine Biological Station:
— — Report 42.

Löwen. Abbaye du Mont César:
— — Recherches de Théologie 1.
— Société scientifique de Bruxelles:
— — Annales 48. 49.
— Université:
— — Thesen u. a. Einzelschriften.
— — Recueil des travaux 9—16.

London. University Library:
— — Brit. Association Report 96.
— Brit. Astronomical Association:
— — Journal 39.
— The illuminating Engineer:
— — The ill. Eng. 22.
— Institute of histor. Research:
— — Bulletin 17—20.
— National Laboratory of Psych. Research:
— — Catalogue of Works on Psych. Res. 1929.

London. National Physical Laboratory:
— — Report 1928.
— — Collected Researches 20.
— South Kensington Museum:
— — Mehrere Kataloge.
— India Office:
— — Verschiedene Bände der District Gazetteers.
— Meteorological Office:
— — Geophysical Memoirs 43—46.
— — Professional Notes 51.
— Royal Society:
— — Proceedings A 789—799. B 729—738.
— — Philosophical Transactions A 658—667. B 442—448.
— Royal Astronomical Society:
— — Monthly Notices 89.
— Chemical Society:
— — Journal 1929.
— Geological Society:
— — Quarterly Journal 85.
— — Geological Literature 1928.
— Linnean Society:
— — Journal a) Botany 320—322. b) Zoology 249.
— — Transactions Botany 9, 1. 2. Zoology 19, 1.
— Zoological Society:
— — Proceedings 1929, 1. 2.
— — Transactions 22, 6.

Lübeck. Naturhist. Museum:
— — Mitteilungen 32.

Lüneburg. Museumsverein:
— — Museumsblätter 2, 12.
— — Festblätter 1.

Lund. Kulturhist. Förening:
— — Redogørelse 1928/29.
— Vetenskaps Societeten:
— — Årsbok 1928.
— — Arsberätelse 1929.
— Botaniska Notiser:
— — Notiser 1929.
— Universität:
— — Acta Afd. 1, 24. Afd. 2, 24.
— — Arskrift Kirkhistorisk 28.
— — Skrifter humanist. Vetenskapssamf. 11.

Luxemburg. Société des naturalistes:
— — Bulletins 12.

Luxemburg. Institut Grand-ducal:
— — Publications sect. hist. 63.

Luzern. Naturforschende Gesellschaft:
— — Mitteilungen 10.
— Historischer Verein der fünf Orte:
— — Geschichtsfreund 83.

Madison. Wisconsin Geolog. a. Nat. hist. Survey:
— — Bulletin 69.

Madras. Oriental Manuscript Library:
— — Sastai: Descript. Catalogue of Sanskr. Mss. 1. 2. 3.
— Kodaikanal and Madras Observatories:
— — Bulletin 84. 85.
— — Annual Report 1928.

Madrid. R. Academia de sciencias exactas:
— — Annuario 1929.
— — Memorias 8. 9.
— — Revista 23. 24.
— R. Academia de la historia de España:
— — Boletin 93. 94.
— Junta para ampliación de estudios:
— — Trabaljos geol. 35. 36. botan. 23. 24. zool. 52. 53.
— — Rey, Fauna Iberica. Peces 1. M. 1928.
— Sociedad española de fisica y quimica:
— — Anales 257—266.

Magdeburg. Museum für Natur- und Heimatkunde:
— — Abhandlungen 5. 6, 1.

Mailand. Istituto Bocconi:
— — Annali di economia 4. 5.
— R. Istituto Lombardo di scienze e lettere:
— — Rendiconti 61, 1—10. 16—20. 62, 1—10.
— — Atti della fondaz. Cagnola 27. 28.
— R. Osservatorio di Brera:
— — Publicazioni 61.
— — Contributi R. Spec. Brera 13—15.
— — Contributi R. Spec. Merate 1—5.
— Società Italiana di scienze naturali:
— — Atti 67.

Mainz. Altertumsverein:
— — Mainzer Zeitschrift 22. 23.

Manchester. Literary and philosophical Society:
— — Memoirs and proceedings 71. 72.

Manila. Bureau of Science:
— — Phil. Journal of Science 37. 38.

Mannheim. Altertumsverein:
— — Mannheimer Geschichtsblätter 30.

Marburg. Gesellschaft zur Beförderung der Naturwissenschaften:
— — Schriften 15.
— — Sitzungsberichte 63.

Maredsous. Abbaye:
— — Revue benedictine 41.

Marienwerder. Historischer Verein:
— — Zeitschrift 52—64.

Melbourne. National Museum:
— — Chapman, Illustr. Guide Collect. Fishes 1929.
— R. Society of Victoria:
— — Proceedings 41, 1. 2.

Mexico. Instituto geológico:
— — Boletin 46—48.
— Museo Nacional:
— — Caso, Las Estelas Zapotecas 1928.
— — Caso, El Teocalli 1927.
— Secretaria de Relationes Exteriores:
— — Archivo hist. diplomatico 28—30.
— — Monografias bibliograficas 11—15.
— Sociedad cientifica „Ant. Alzate".
— — Memorias y revista 48.

Middelburg. Seeländ. Gesellschaft der Wissenschaften:
— — Archief 1928.

Milwaukee. Public Museum:
— — Bulletin 8, 1. 10, 1.

Mineralogist. Redaktion:
— — The Mineralogist 14.

Minneapolis. University Library:
— — Bulletin Agric. Exp. Stat. 240—244.
— — Studies in biological Sciences 5. 6.
— — Studies in social Sciences 19.

Minsk. Université.
— — Annales 21—23.
— — Naš Kraj 1927. 1928.
— — Mehrere Einzelwerke.

Modena. Società dei Naturalisti:
— — Atti Ser. 6. Vol. 5—7.

Montevideo. Museo Nacional:
— — Anales Ser. 2, 1. 2. 3. 4.

Montreal. Laboratoire de Botanique:
— — Contributions 1—10.

Montserrat. Abadia:
— — Analecta Montserratensia 7.
Moskau. Association Russe pour les Etudes Orientales:
— — Nouvel Orient 23—25.
— Mathemat. Gesellschaft:
— — Sbornik 35.
— Floating Maritime Scientific Institute:
— — Trudy 1. 2, 1—4. 3, 1—4.
Mount Hamilton. Lick Observatory:
— — Bulletin 406—417.
München. Landesstelle für Gewässerkunde:
— — Monatsbericht 1929.
— Landeswetterwarte:
— — Deutsches meteorol. Jahrbuch 50.
— — Übersicht über die Witterungsverhältnisse 1929.
Münster. Verein für Geschichte und Altertumsk. Westfalens:
— — Zeitschrift 84. 85.
— — Westfalen 14, 3—6.
Nantes. Société des sciences naturelles:
— — Bulletin Ser. 4 A. 8.
Neapel. Società R. di Napoli:
— — Accad. sc. morali Atti 51.
— — Accad. sc. fisiche Rendiconto 33, 9—12. 34, 1—8.
— — Accad. di archaeologia Atti 10 Rendiconto 41.
— Stazione zoologica:
— — Pubblicazioni 9, 1. 10.
Neisse. Philomathie:
— — Bericht 39.
Neuburg. Historischer Verein:
— — Kollektaneenblatt 93.
Neuchâtel. Société de géographie:
— — Bulletin 38.
— Bibliothèque de l'Université:
— — Programme des cours 1929. 1929/30.
— — Dissertationen 1923.
New Castle upon Tyne. University:
— — Proceedings 8, 1. 2.
New Haven. Connecticut Academy of arts and sciences:
— — Transactions 30, 1—158.
— Yale University Library:
— — Report 1927.
— — Yale Review 18.
— — Record S. J.: Timbers of tropical America 1924.
— — Throwbridges: Old Hauses of Connecticut 1923.

New Haven. Birmingham Oceanographic Collection:
— — Bulletin 1. 2.
— — Occasional Papers 1. 2.

New York. Academy of Sciences:
— — Annals 30, 129—296.
— Botanical Garden:
— — Bulletin 50. 51.
— Rockefeller Institute for medical research:
— — Studies 65—68.
— American Museum of Natural History:
— — Bulletin 55.
— — Natural History 29, 1—5.
— — Guide Leaflets 74.
— — Novitates 338—385.
— — Anthropol. Papers 31, 1.
— — Annual Report 59.
— — Handbook Series 11. 12.
— — Jochelson, Peoples of Asiatic Russia 1928.
— Theolog. Seminary of America:
— — Texts and studies 7. 8. 9.
— Geographical Society:
— — Geographical Review 1929.
— American Mathematical Society:
— — Bulletin 358—362.
— — Transactions 31.
— Zoological Society:
— — Zoologica 8. 9. 10, 1. 11, 1.
— — Zoopathologica 1, 1—8. 2, 1.
— Columbia University:
— — Dissertationen 1928 und 1929.

Nürnberg. Naturhistorische Gesellschaft:
— — Jahresbericht 1928.
— German. Museum:
— — Anzeiger 1928.
— Verein für Geschichte der Stadt Nürnberg:
— — Jahresbericht 51.
— — Mitteilungen 28. 29.

Odessa. Wissenschaftliche Forschungsinstitute:
— — Berichte 3, 1 und verschiedene andere Schriften.

Offenbach. Verein für Naturkunde:
— — Bericht 66—68.

Omsk. Medizinische Gesellschaft:
— — Med. Journal 1928.

Oslo. Meteorologisches Institut:
— — Geofysiske Publikationer 5, 10. 11.
— Videnskabs Selskabet:
— — Skrifter 1928.
— — Avhandlingar 1928.
— — Arbok 1927. 1928.
— Norske geografiske Selskab:
— — Tidskrift 2.
— Universität.
— — Nyt Magazin for Nadurvidenskaberne 65.

Osnabrück. Verein für Geschichte und Landeskunde:
— — Mitteilungen 50.

Ottawa. Departement of mines:
— — Rapport 1927.
— — Economic Geology Series 1—5.
— — Geol. Series 41. 43.
— R. Society of Canada:
— — Proceedings and transactions 23.
— — List of officers 1929.

Padua. R. Scuola d'ingegneria:
— — Anno 4.

Palermo. Circolo Matematico:
— — Rendiconti 52. 53.
— Società Siciliana di scienze naturali:
— — Il Naturalista Siciliano 26.
— Società di scienze naturali.
— — Bolletino 9. 10.

Parenzo. Società Istriana di archeologia:
— — Atti e memorie 40, 2.

Paris. Académie des sciences:
— — Memoires 1928.
— — Comptes rendus 188.
— Académie des inscriptions et belles lettres:
— — Comptes rendus 1928.
— — Journal des savants. 1929.
— Académie des sciences morales et politiques:
— — Comptes rendus 1928.
— Muséum d'histoire naturelle:
— — Bulletin 1928, 4—6.
— — Nouv. Archives 6. Ser. 1—3.
— Société de géographie:
— — La Géographie 50. 51.
— Société de mathematique:
— — Bulletin 56, 1—4, 57, 1—2.

Paris. Société d'ornithologie:
— — Public. Po. 233—235.
— Société de physique:
— — Le journal de physique et le radium 10.

Pavia. Società Pavese di storia patria:
— — Bolletino 22—24.

Peking. Geolog. Survey:
— — Palaeontologia Sinica B 6, 1. 13, 1. C 4. 5.
— — Graban: Stratigraphy of China 2.

Perm. Institut des recherches biologiques:
— — Bulletin 6, 6—10.
— — Travaux 1, 1—4. 2, 1—3.

Perth. Geological Survey:
— — Annual Report 1927.

Philadelphia. Academy of natural sciences:
— — Proceedings 80.
— — Yearbook 1928.
— Franklin Institute:
— — Journal 207. 208.
— Pennsylvania Museum:
— — Bulletin 117.
— Historical Society:
— — Magazine 191—194.
— Amer. Philosophical Society:
— — Proceedings 66. 67.

Pietermaritzburg. Natal Museum:
— — Annals 5. 6, 1. 2.

Pisa. R. Scuola d'Ingegneria:
— — Pubblicazioni 77—103.
— Scuola normale superiore:
— Annali a) filos. 29. b) fis. et mat. 15.
— Società Toscana di scienze naturali:
— — Memorie 38. 39.
— — Processi verbali 37.

Pistoja. R. Dep. di storia patria:
— — Bullettino 31.

Plauen. Altertumsverein:
— — Mitteilungen 37.

Poona. Bhandakar Oriental Research Institute:
— — Annals 9, 1—4. 10, 1. 2.
— — Report 1928/29.

Port Arthur. Ryojun College of Engineering:
— — Memoirs 1, 4 A—D. 2, 1. 2.

Portici. R. Scuola superiore di agricoltura:
— — Il R. Istituto . . . 1872—1928. P. 1929.

Posen. Historische Gesellschaft der Provinz Posen:
— — Deutsche Blätter in Polen 6.
— — Deutsche wissensch. Zeitschrift für Polen 14—17.

Potsdam. Geodätisches Institut:
— — Veröffentlichung 101.
— Astrophysikal. Observatorium:
— — Publikationen 86. 88.

Prag. Akademie der Wissenschaften:
— — Archiv historicky 46.
— — Biblioteka klassicu 35
— — Palaeontographia Bohemiae 11. 12.
— — Vestnik 36.
— — Einzelwerke von Prusik, Matiegka, Druhy u. a.
— Deutsche Gesellschaft der Wissenschaften und Künste:
— — Bibliothek deutscher Schriftsteller 40. 41.
— — Aug. Sauer: Kulturpolit. Reden 1928.
— — Rechenschaftsbericht 1927.
— Böhmische Gesellschaft der Wissenschaften:
— — Sitzungsberichte 1928.
— Lese- und Redehalle der deutschen Studenten:
— — Bericht 76.
— Lotos. Deutscher naturwiss. Verein:
— — Lotos 74—76.
— Ethnograph. Museum:
— — Narodopisny Vestik 21.
— Universitätssternwarte:
— — Publikationen 10. 11.
— Verein für Geschichte der Deutschen in Böhmen:
— — Mitteilungen 66, 3—4.

Pressburg. Comeniusuniversität:
— — Spisy 8. 9.
— — Sbornik 44. 46—49.
— Société Savante Safarik:
— — Bratislava 3, 1—4.

Quito. Observatorio:
— — Resumen 1929.

Regensburg. Historischer Verein:
— — Verhandlungen 78. 79.

Reykjavik. Societas scientiarum:
— — Veröffentl. 2. 3.

Riga. Gesellschaft für Geschichte und Altertumskunde der Ostseeprovinzen:
— — Mitteilungen 24, 1.
— Herder-Institut:
— — Veröffentlichungen 3, 1—3.
— Naturforscher-Verein:
— — Arbeiten 17.
— — Korrespondenzblatt 59.
— Universität:
— — Acta 19. 20.
— — Acta horti botanici 3, 1.

Rio de Janeiro. Academia de Ciencias:
— — Annaes 1, 1. 2.
— Instituto historico e geografico:
— — Veröffentl. T. 95—97.
— — Tomo especial 1—5.
— Museu Nacional:
— — Archivos 29.
— — Boletim 4.

Rom. American Academy:
— — Papers and monographs 5. 6.
— — Memoirs 7.
— Pontif. Academia di archeologia:
— — Memorie 2.
— — Rendiconti 5.
— Accademia dei Lincei:
— — Annuario 1929.
— — Memorie Classe di scienze fisiche Ser. 6, 3.
— — Notizie degli scavi Ser. 6, 4.
— — Rendiconti Cl. di sc. morali 6, 4.
— — Rendiconti Cl. di sc. fisiche 6, 8. 9.
— — Caetani, Saggio di un dizionario bio-bibliograficho R. 1924.
— — Caetani und Gabrieli: Onomasticon arabicum 1, 1. 2. 2. R. 1915.
— Accademia Pontif. dei Nuovi Lincei:
— — Atti 81 u. Indice alfabetico 1. 2.
— Biblioteca Apostolica Vaticana:
— — Studi e testi 49. 50.
— Pontificio Instituto Biblico:
— — Biblica 7—9.
— Società Romana di storia patria:
— — Archivio 50.
— Società Italiana per il progresso delle scienze:
— — Atti 16. 17.
— Specola Vaticana:
— — Catalogo astrografico 10.

Rostock. Naturforschende Gesellschaft:
— — Archiv N. F. 3.
— Universität:
— — Universitätsschriften 1928.

Saintes. Commission des arts et monuments historiques:
— — Recueil T. 20, 10. 11.

Saint Louis. Missouri Botanical Garden:
— — Annals 15.
— Washington University:
— — Public. in Antrop. 1, 1—5. 2, 1—3.
— — Public. in Geology 1, 2—4. 2.
— — Public. in Social Sciences 1, 1. 2. 2, 1—3. 3, 1. 2.
— — Public. in Language and literature 4, 1. 2.
— — Bulletin Engin. Exp. Station 42—43. 47—50.

Salzburg. Gesellschaft für Salzb. Landeskunde:
— — Mitteilungen 69.

Sanct Gallen. Historischer Verein:
— — Neujahrsblätter 69.

San Diego. Society of Natural History:
— — Transactions 5, 1—18.

San Franzisco. California Academy of sciences:
— — Proceedings 17, 1—15. 18, 1—12.

Santander. Biblioteca de Menendez y Pelayo:
— — Veröffentlichungen 11, 1. 2.
— — Homenaje a D. T. A. Sanchez 1927.
— — Lista, Alb.: Poesias ineditas 1927.

São Paulo. Museu Paulista:
— — Revista 16.

Sarajewo. Landes-Museum:
— — Glasnik 39. 40.

Saratov. Universität:
— — Ujenie Sapiski 7.

Schwerin. Verein für mecklenburg. Geschichte:
— — Jahrbücher 92.

Sendai. Universitätsbibliothek:
— — Arbeiten aus dem anatomischen Institut 12. 13.
— — Mitteilungen über allgemeine Pathologie 4. 1—3. 5, 1. 2.
— — The Tohoku Mathem. Journal 30. 31.
— — The Tohoku Journal of Experimental Medicine 12. 13.
— — The Technology Reports 8.
— — The Science Reports 1, 17. 2, 11. 12. 13. 3, 14, 1. 2. 4, 3.
— The Saito Gratitude Foundation:
— — Monographs Repr. Series 5. 6.
— — Annual Report 1—4.

Siena. Accademia dei fisiocratici:
— — Atti 10, 3.

Simla. Indian Meteorological Department:
— — Weather Review 1927. 1928.
— — Memoirs 24, 7—10. 25, 1. 2.
— — Scientific Notes 1, 2—6.

Skoplje. Société scientifique:
— — Glasnik 3—6.

Smolensk. Universitätsbibliothek:
— — Wissenschaftl. Mitteilungen 1—6.

Sodankylä. Observatorium:
— — Veröffentlichungen 8—11.

Sofia. Bulgarische Akademie der Wissenschaften:
— — Biblioteka Bulgarska 16—18.
— — Sbornik 23.
— — Spisanie 38—40.
— — Mrkvitchka, I. V.: La Bulgarie illustrée 1. S. 1929.
— Institut archéologique:
— — Bulletin 5.
— Nationalbibliothek:
— — Bulletin bibliographique 23—31.
— Universität:
— — Godisnik 18—21.

Sopron. Bibliothek der ungar. Hochschule für Bergingenieure:
— — Erdeszeti kisérletek 30, 1—4. 31, 1. 2.

Sousse. Société archéologique:
— — Bulletin 19.

Spalato. Archäolog. Museum:
— — Bulletin 39.

Stade. Geschichtsverein:
— — Vierteljahrsblätter 3. 4.

Stettin. Gesellschaft für pommersche Geschichte:
— — Monatsblätter 1924—27.
— — Quellen 5.
— — Baltische Studien 30.

Stockholm. Akademie der Wissenschaften:
— — Arkiv för botanik 22, 1.
— — Arkiv för kemi 9, 3. 4.
— — Arkiv för matematik 20, 4. 21, 1.
— — Arkiv för zoologi 20, 1. 2.
— — Årsbok 1928. 1929.
— — Samuel Klingenstirnas lernad och verk 2, 1.
— — Söderbaum, H. G.: J. Berzelius 1. 2. St. 1929.

Stockholm. K. Landbruks-Akademie:
— — Handlingar 68.
— K. Vitterhets Historie och Antikvitets Akademi:
— — Fornfännen 1928.
— — Handlingar 40, 1. 2.
— — Monografiserien 17.
— — Generalstabens litografiska Anstalt:
— — Globen 1929.
— Bibliothek:
— — Accessionskatalog 42.
— Entomologiska Föreningen:
— — Entomologisk Tidskrift 49.
— Geologiska Föreningen:
— — Förhandlingar 51.
— Nationalekon. Föreningen:
— — Förhandlingar 1927. 1928.
— Schwedische Gesellschaft für Anthropologie u. Geographie:
— — Annaler 10, 3. 4.
— — Ymer 49.
— Ingeniörs Vetenskaps Akademien:
— — Handlingar 88. 90—96.
— Nordiska Museet:
— — Fataburen 1928.
— — Reichsarchiv:
— — Handlingar rörande Sver. historia 2, 4.
— Sveriges geologiska Undersökning:
— — Årsbok 21. 22.
— — Undersökning Aa 166—166.

Stonyhurst. Observatory:
— — Results of observations 1928.

Stuttgart. Landesbibliothek:
— — Heyd, Bibliographie 6, 1. 2.
— Statistisches Landesamt:
— — Deutsches meteorol. Jahrbuch 1927.
— — Württemberg. Jahrbücher für Statistik 1927. 1928.

Suchum. Abschasische Gesellschaft der Wissenschaften:
— — Trudy 1, 1. 2.
— — Bulletin 2. 3. 4.

Sydney. Australian Museum:
— — Records 16.
— Linnean Society:
— — Proceedings 53.
— R. Society of New South Wales:
— — Journal and Proceedings 62.

Tacubaya. Observatorio:
— — Annuario 50.

Taschkent. Université Centrale:
— — Acta 6, 1. 2. 3. Ja, 1—12.

Thorn. Copernicus-Verein:
— — Mitteilungen 36.

Tiflis. Jardin botanique:
— — Vestnik 4.
— — Zapiski 6.
— Kaukas. Museum:
— — Lantz: Les eremias de l'Asie occidentale 1928.
— Observatorium:
— — Monatsberichte 1927, 8—12.

Tokio. Imp. Earthquake Investigation Comittee:
— — Seismological Notes 6.
— National Research Council:
— — Japanese Journal of botany 4, 3. 4.
— — Japanese Journal of astronomy 6.
— — Japanese Journal of chemistry 4, 1.
— — Japanese Journal of zoology 2, 1—3.
— — Japanese Journal of geology 6.
— — Japanese Journal of matematics 5.
— Deutsche Gesellschaft für Natur- u. Völkerkunde Ostasiens:
— — Mitteilungen 22 ABC.
— Imper. Fisheries Institute:
— — Journal 23, 1. 2.
— Institute of physical and chemical research:
— — Scientific papers 171—213.
— — Abstracts 2, 1—11.
— Waseda University:
— — Memoirs 4.
— Chemical Society:
— Proceed. 4.
— Universität:
— — Journal of the college of science 44, 6—8.
— — Journal of the faculty of science 1, 11. 2, 7. 8. 3, 2.
— — Acta phytochymica 4, 2.
— — Journal of the college of agriculture 10, 1—3.
— — Report of the aeronaut. research Institute 4, 1—7.

Tomsk. Comité géologique:
— — Otschet 6, 1.
— — Bulletin 8, 2—6. 9, 2.
— University:
— — Isvestja 79. 80. 82.

Toronto. Canadian Institute:
— — Transactions 16, 1. 2.
— R. Astronomical Society:
— — Journal 23.
— University:
— — Physiological Series 85—98.
— — Geological Series 26. 27.
— — Biological Series 31. 32.

Trient. Biblioteca communale:
— — Studi trentini 9, 2. 3. 10, 1. 2.

Triest. Museo civico:
— — Atti 11.
— Società Adriatica di science naturali:
— — Bollettino 28, 1. 2.

Tromsö. Museum:
— — Arsberetning 1926—28.

Trontheim. Norske Videnskabens Selskab:
— — Skrifter 1928.
— — Forhandlinger 1.

Tübingen. Universität:
— — Abhandlungen 12.

Turin. Accademia d'agricoltura:
— — Annali 70. 71.
— R. Accademia delle scienze:
— — Atti 63.
— Istituto superiore di Magistero del Piemonte:
— — Veröffentl. 1. 2.
— Museo di zoologia comparata:
— — Bolletino 38—40.

Uccle. Observatoire:
— — Annales Ser. 3, 1. 2.
— — Memoires 1. 2.
— — Annuaire 1915—28.

Udine. R. Deputazione di Storia patria per il Friuli:
— — Memoire 23.

Ulm. Verein für Kunst und Altertum:
— — Mitteilungen 26.
— Verein für Mathematik und Naturwissenschaften:
— — Mitteilungen 19.

Upsala. Schwedische Literaturgesellschaft in Finnland:
— — Skrifter 203—209.
— Meteorologisches Observatorium:
— — Observationes seismographicae 1920—23.

Upsala. Humanistiska Vetenskaps Samfundet:
— — Skrifter 25.
— Universitätsbibliothek:
— — Arbeten af Ekmans Univ.-Fond 36. 37.
— — Årskrift 1928.
— — Universitätsschriften 1928. 1929.

Urbana. University:
— — Studies in Social Sciences 14.

Utrecht. Historisch genootschap:
— — Bijdragen en mededeelingen 49. 50.
— — Werken 52. 53. 54.
— — Verslag 1928.
— Genootschap van kunsten en wetenschapen:
— — Verslag 1928.
— Meteorolog. Instituut.
— — Seismische Registrierungen 13. 14.
— — Mededeelingen 31. 32.
— — Oversicht 1929.

Venedig. R. Istituto Veneto:
— — Atti 88.

Verona. Accademia:
— — Atti e memrie 103. 104.

Warschau. Naturwiss. Museum:
— — Annales zoologici 6. 7.
— Société botanique:
— — Acta 5, 3—6.
— Société scientifique:
— — Roznik 20. 21.
— — Archiwum biolog. 1, 13—17.
— — Sprawozdania 1929.
— — Travaux de la station hydrobiol. 1, 2. 3.
— — Travaux du laboratoire neurobiol. 3, 1. 2.
— — Travaux du laboratoire de phisiologique 1, 3—16.
— Universität. Mathem. Seminar:
— — Fundamenta mathematica 13. 14.

Washington. National Academy of Sciences:
— — Proceedings 15.
— — Memoirs 20.
— Bureau of American Ethnology:
— — Bulletin 86. 88—90. 92.
— Department of agriculture:
— — Journal of Agricultural Research 37. 38.

Washington. Smithsonian Institution:
— — Contributions from the U. S. Nat. Herbarium 25—27.
— — Report 1927.
— — Miscellaneous Collections 2912ff.
— U. St. National Museum:
— — Bulletin 145.
— — Report 1928.
— — Separata.
— U. St. Naval Observatory:
— — Publications 11.
— — American Ephemeris 1928—1930.
— U. St. Geological Survey:
— — Bulletin 796ff.
— — Professional Papers 154ff.
— — Water supply papers 591ff.
— — Geologic Atlas 220. 221. 225.

Weimar. Thüring. botan. Verein:
— — Mitteilungen 37. 38.

Wellington. New Zealand Institute:
— — Transactions and Proceedings 59, 3. 4. 60, 1. 2.

Wernigerode. Harzverein für Geschichte und Altertumskunde:
— — Zeitschrift 60—62.

Wien. Akademie der Wissenschaften:
— — Anzeiger 1928.
— — Denkschriften phil.-hist. Kl. 68, 3.
— — Denkschriften math.-naturwiss. Kl. 101.
— — Sitzungsberichte 1. Kl. 207, 1. 3—5. 208, 1—5.
— — Sitzungsberichte 2. Kl. Abt. 1, 137, 5—9.
— — Sitzungsberichte 2. Kl Abt. 2a, 137, 6—8.
— — Sitzungsberichte 2. Kl. Abt. 2b, 137, 6—9.
— Geologische Bundesanstalt:
— — Jahrbuch 78, 3—4. 79, 1—2.
— — Verhandlungen 1928, 6—12. 1929, 1—5.
— Gesellschaft der Ärzte:
— — Wiener klinische Wochenschrift 42.
— Israelit.-theol. Lehranstalt:
— — Jahresbericht 35—36.
— — Veröffentlichungen 1.
— Mechitharisten-Kongregation:
— — Handes Amsorya 1929.
— Naturhistorisches Museum:
— — Annalen 42.
— Verein für Landeskunde von Niederösterreich:
— — Unsere Heimat 2, 7—12.

Wien. Verein zur Verbreitung naturwiss. Kenntnisse:
— — Schriften 68.
— Zentralanstalt für Meteorologie:
— — Jahrbücher 61. 62.

Wiesbaden. Verein für nassauische Altertumskunde:
— — Annalen 49.
— — Mitteilungen 29.
— Verein für Naturkunde:
— — Jahrbücher 80, 1.

Williams Bay. Yerkes Observatory:
— — Publikations 7, 1.

Wladikawkas. Ossetisches wissenschaftl. Forschungsinstitut:
— — Isvestija 2.
— — Pamjatniki 1.

Wladiwostok. Universität:
— — Mémoires 13, 2—4. 14, 4. 15, 1. 2.
— Observatoire geophysique centrale:
— — Année 1916—1918.

Wolfenbüttel. Geschichtsverein:
— — Braunschweig. Magazin 32. 33.
— — Jahrbuch 1 (1927).

Woods Hole. Marine Biological Laboratory:
— — Biological Bulletin 55. 56.

Worms. Altertumsverein:
— — Wormsgau 1, 5—7.

Woronesch. Universität:
— — Acta 4.

Würzburg. Physik.-med. Gesellschaft:
— — Verhandlungen 53.

Zara. Società dalmata di storia patria:
— — (Schriften) Vol. 2.

Zaragoza. Academia de ciencias:
— — Revista 12

Zürich. Antiquarische Gesellschaft:
— — Mitteilungen 30, 5.
— Naturforschende Gesellschaft:
— — Neujahrsblatt 131.
— — Vierteljahrsschrift 73.
— Schweizerische Geodätische Kommission:
— — Procès verbal 75.
— Schweizerische Geologische Kommission:
— — Beiträge zur geologischen Karte der Schweiz 88—91.
— — Geologische Spezialkarte 113.

Zürich. Schweizerisches Landesmuseum:
— — Anzeiger für schweizerische Altertumskunde 30.
— Sternwarte:
— — Astronomische Mitteilungen 117—120.
— Universität:
— — Dissertationen 1928.
— Schweizerische meteorologische Zentralanstalt:
— — Annalen 64.

Geschenke von Privatpersonen, Geschäftsfirmen und Redaktionen:

Lamberty, P.: Logos 1928.
Lamberty, P.: Botschaft des Lebens 1. 1929.
Das Dürer-Jahr 1928. Bericht.
Pesl, L.: Arzt und Bodenreform 1929.
Evans, A.: The shaft graves of Mycenae 1929.
Schapwinkel: Polarbiochemie 2. A. 1929.
Brandstetter: Wir Menschen der indones. Erde 6, 1.
Mc. Pharlin: A Repertory of Marionette Plays 1929.
Festschrift der Tierärztl. Hochschule Hannover 1929.
Adachi, B.: Das Arteriensystem der Japaner. 1929.

Beobachtungen an neuen Arthropodenfunden aus den Hunsrückschiefern.

Von **Ferdinand Broili.**

Mit 5 Tafeln und 6 Textfiguren

Vorgetragen in der Sitzung am 9. November 1929

Ergänzende Bemerkungen zu Nahecaris.

Tafel I—IV und 2 Textfiguren.

Neues Material setzt mich in Stand, meine Beobachtungen, welche ich vor einiger Zeit an der Crustaceengattung Nahecaris aus den unterdevonischen Dachschiefern des Hunsrück machen konnte[1]), zu ergänzen.

Es handelt sich dabei um Stücke, die mir teils von Herrn Diplomingenieur Maucher übergeben, teils mir von Herrn Kollegen R. Richter in Frankfurt a. M. zur Untersuchung anvertraut worden waren. Beiden Herren danke ich dafür herzlichst.

Carapax.

Tafel I–III.

Bezüglich der Bauart des Carapax gestattet das vorliegende Material einige Ergänzungen. Auf Grund der seitherigen Untersuchungen besitzt der Panzer, wenn er durch den Gebirgsdruck in dorsoventraler Richtung in einer Ebene ausgebreitet liegt, schildförmigen Umriß, dabei ist ein Hinterrand deutlich eingebuchtet und über den gerundeten Vorderrand ragt der spitze Stachel des Rostrums hinaus. Jederseits zieht eine nach auswärts gebogene Längsleiste über die Flanke des Panzers, außerdem zeigt sich eine mit kleinen mehr oder weniger vertikal gestellten Leistchen gezierte Mediancarina entwickelt, längs welcher der

[1]) Broili F., Beobachtungen an Nahecaris. Sitzungsber. d. b. Akad. d. Wissensch. mathem.-naturw. Abt. 1928. S. etc.

Carapax besonders in seinem rückwärtigen Abschnitt infolge des Gebirgsdruckes häufig auseinanderplatzt.

Auf Grund der Erhaltung an neuen mir vorliegenden Exemplaren und den von Hennig abgebildeten Stücken glaube ich annehmen zu können, daß der ventral von der Längsleiste befindliche Teil des Carapax im Gegensatz zu dem dorsal der Leiste gelegenen Panzerabschnitt kaum oder nur schwach verkalkt war. Diese ventrale Partie des Panzers ist nämlich bei dem Versteinerungsprozeß immer sehr stark mitgenommen worden und stets mehr oder weniger verdrückt; an einem der von mir[1]) bereits früher abgebildeten Individuen scheint sie überhaupt fast vollständig zu fehlen. Ich meine deshalb, daß dieser Ventralteil des Panzers unterhalb der Längsleiste als dünnes Blatt velumartig über die Extremitäten herunterhing. Ein mir vorliegendes Exemplar (Taf. II) bestärkt mich in dieser Annahme; dasselbe zeigt an dem in Seitenlage befindlichen Rest diesen Abschnitt, wie er unterhalb der lateralen Längsleiste deutlich abgesetzt ist und schleierartig vom Vorderrand des Carapax angefangen sich bis zu Abdomen hinzieht. Reste der Extremitäten werden durch diesen Schleier sichtbar. Lediglich der Randsaum ist an ihm stärker entwickelt. Derselbe wird am Vorderrand von einem von ca. 4 feinen Leistchen eingenommenen Wulst gebildet. Dieselben verlieren sich unter allmählicher Abschwächung des Wulstes gegen den Unterrand. Der Letztere wird lediglich durch kurze, nach hinten und unten gerichtete, in ziemlich regelmäßigen Abständen aufeinanderfolgenden Leistchen versteift. Der Verlauf des Hinterrandes läßt sich an diesem Stück nicht sehr deutlich festlegen; dagegen zeigt sich an einem anderen Stück, wie dieser Hinterrand sich mit der lateralen Längsleiste verbindet. Dabei sieht man, daß die Versteifung des Hinterrandes die gleiche ist wie am Unterrand, nur sind die Leistchen kleiner wie dort.

Ein mir von Herrn Kollegen R. Richter anvertrautes Stück der Frankfurter Sammlung, das sich in Seitenlage repräsentiert, liefert eine weitere Ergänzung über die Skulptur dieses Velums. Die Oberfläche desselben, dessen ventraler Randsaum leider verloren ging, besitzt noch die Ornamentierung. Dieselbe besteht

[1]) l. c. Tafel Fig. 2.

aus feinen Längsleistchen, welche in ihrem Verlauf bald schwächer und bald stärker hervortreten und gelegentlich auch unterbrochen sind und deren gegenseitiger Abstand ca. $^1/_2$ mm beträgt. Demnach sind die den Hinterrand des Velums versteifenden Leistchen offenbar nichts anderes als die etwas verstärkten Verlängerungen solcher seitlichen Längsleistchen.

In den Zwischenräumen dieser Längsleistchen eingeschaltet findet sich ein System haarfeiner Erhöhungen. Diese liegen enger beisammen wie die Längsleistchen und sind nach abwärts und hinten gerichtet. Es ergibt sich demnach für die Skulptur dasselbe Bild, wie es von Hennig[1]) bereits an der dorsalen Partie des Carapax beobachtet wurde und wie es auch an den Abdominalsegmenten ausgeprägt erscheint.

An dem gleichen Stück, an dem die früheren Beobachtungen angestellt wurden (Taf. II), folgt in der Verlängerung des Unterrandes, nach einem buchtartigen von Gestein erfüllten Einschnitt, bis zum vorletzten Abdominalsegment ein eigentümlicher Rest. Derselbe ist gegen das Velum deutlich abgesetzt und läßt eine dichte Bedeckung durch verschiedene Systeme zarter, kurzer, wellenartig aufeinanderfolgender Erhöhungen erkennen. Über die Bedeutung derselben kann ich mir kein Bild machen. Handelt es sich dabei vielleicht um die Ornamentierung der Innenseite des Velums der Gegenseite, welches herausgepreßt wurde, oder handelt es sich um zusammengedrängte Borsten der Extremitäten, welche durch die Pyritisierung so undeutlich geworden sind?

Augen.

Tafel I.

Das bisher untersuchte Material von Nahecaris hat über die Augen noch keine Auskunft gegeben. In der von mir früher gegebenen Rekonstruktion habe ich sie deshalb nur punktiert einzeichnen lassen (l. c. S. 16, Fig. 1). Unter den nunmehr zur Untersuchung vorliegenden Stücken findet sich ein kleines Individuum, das nun auch über die Lage dieser Sinnesorgane einigen Aufschluß gibt.

---

[1]) Hennig E., Arthropodenfunde aus den Bundenbacher Schiefern (Unterdevon). Palaeontographica 64. Bd. 1919—1921. S. 133 etc. Tafel 33, Fig. 2a, 2b.

Das betreffende Stück, welches seine Dorsalseite dem Beschauer darbietet, zeigt an dem Vorderrand des Carapax Gebilde, welche ich als Reste von Augen deute. Der der rechten Körperhälfte zugehörige Rest ist der besser erhaltene, derselbe hat den Umriß einer Blase, die mit einem kurzen Stiel aus dem Winkel zwischen dem Rostrum u. dem Carapax hervortritt. Gegen die Mittellinie wird sie von der Hauptgeißel der Antennula begrenzt, lateral legt sich die Blase randlich auf den Endopoditen der Antenne.

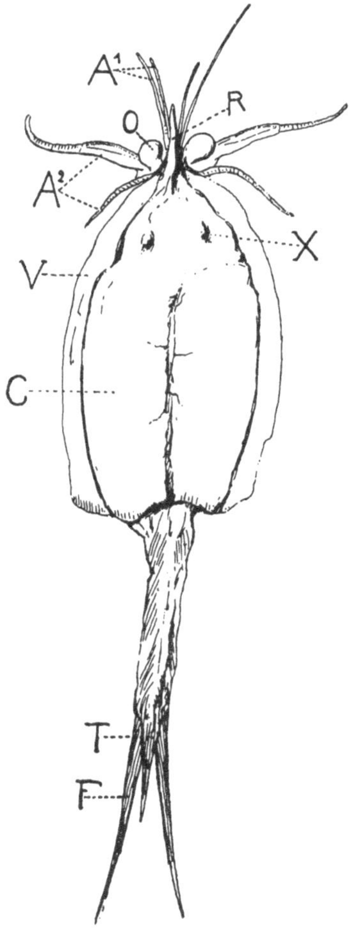

Figur 1.
Nahecaris Stürtzi. Jkl. Unterdevonische Dachschiefer, Hunsrück (Vgl. Taf. I). Nat. Größe. C Carapax mit Rostrum R und Velum V. T Abdominalendsegment und Furca F. A¹ Antennula. A² Antenne. O Stielauge. X ? Sessiles Auge.

Links hat sich lediglich der distale Abschnitt der Blase in Gestalt einer relativ großen Anschwellung erhalten, welcher auch da dem Endopoditen der Antenne aufliegt.

Auch an anderen Exemplaren von Nahecaris habe ich Teile solcher blasenförmigen Bildungen an dem Vorderrand des Carapax zwischen Antennula und Antenne feststellen können besonders an einem kleineren Individuum, welches Herr Maucher inzwischen verkaufte; eine solche Blase zeigt sich auch an dem von Hennig[1]) abgebildeten Genotyp an der nämlichen Stelle. Nach meiner Auffassung dürfte es sich bei diesen Gebilden um nichts anderes als um die Reste kurz gestielter Augen handeln. Spuren einer Facettierung sind nicht nachweisbar.

[1]) Hennig E., Arthropodenfunde aus den Bundenbacher Schiefern (Unterdevon). Palaeontographica 64. Bd. 1921—1922. Tafel 12, Fig. 1. Der Abguß des Originales liegt mir vor.

Außer diesen als Stielaugen gedeuteten Resten zeigt das nämliche Individuum, an dem die obigen Beobachtungen angestellt wurden, auf der Oberseite des Carapax lateral und rückwärts von dem Ansatz des Rostrums jederseits einen deutlich hervorspringenden Höcker von ovalem Umriß. Derselbe hat sich auf der rechten Seite vollständig erhalten, während links seine Oberfläche beschädigt ist. Diese Höcker sind auch an anderen mir vorliegenden Exemplaren von Nahecaris zu sehen, so besonders an dem Originale zu Fig. 1 meiner früheren Arbeit, welches seine Dorsalseite darbietet; hier zeigt sich der Höcker auf der linken Hälfte in guter Erhaltung, während er rechts durch die Präparation verloren gegangen ist. Die Oberfläche dieser Höcker ist glatt, irgendeine Ornamentierung läßt sich nicht feststellen.

Bezüglich der Deutung dieser beiden Höcker besteht eine gewisse Schwierigkeit. Man könnte daran denken, dieselben mit den Schließmuskeln des Carapax in Beziehung zu bringen, aber dafür erscheint ihre Stellung viel zu weit vorne gelegen. Wenn nicht, wie eben gezeigt, Organe vorhanden wären, die bereits als Stielaugen betrachtet worden sind, würden diese Erhöhungen wohl ohne Bedenken als Augenhöcker, welche auf sessile Augen schließen lassen, anzusprechen sein, zumal sie hinsichtlich ihrer Lage sich ungefähr an der nämlichen Stelle finden, wenn auch nicht so dicht beisammen wie bei dem Branchiopoden Apus (Triops). Auch bei den Gigantostraca treffen wir vielfach solche sessile Augen in ähnlicher Lage. Alle Zweifel bezüglich der Deutung dieser Höcker als funktionierende Augen würden verschwinden, wenn sich eine Facettierung erkennen ließe, welche, wie das bei den Trilobiten wohl bekannt ist, sich sehr gut am Fossilmaterial nachweisen läßt. Nun ist aber bei verschiedenen Crustaceen-Gruppen die Cornea der Komplexaugen nicht facettiert, so z. B. bei den eben angeführten Apodidae. Der Mangel einer Facettierung ist also kein Beweis dafür, daß dem Höcker das Sehvermögen gefehlt hätte. Auch unter der Annahme, daß diesen Augenhöckern kein Sehvermögen mehr zukommt, spricht doch das Vorhandensein der Höcker an sich zum mindesten für den ursprünglichen Besitz des Sehvermögens.

Wenn aber diese Höcker nun wirklich der Sitz funktionierender Augen gewesen sind, dann wären bei den

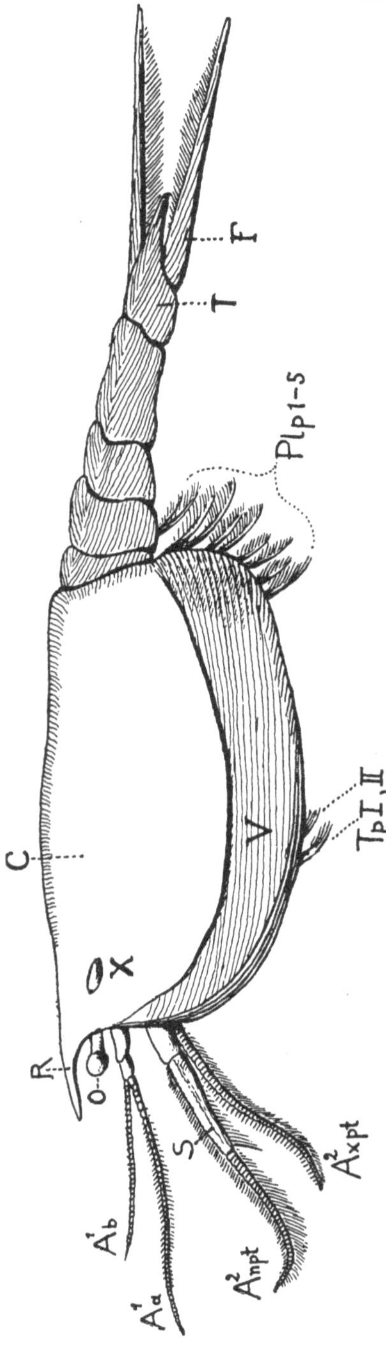

Nahecarida die beiden Ausbildungsformen der Komplexaugen zur Entwicklung gelangt: **Ein Paar Stielaugen und ein Paar sessile Augen.**

Der gemeinsame Besitz sowohl von gestielten wie von sessilen Komplexaugen gelangt bei rezenten Crustaceen nicht zur Beobachtung, vielmehr sind die ersteren eine bezeichnende Eigenschaft für die Thoracostraca = Podophthalma und die letzteren eine solche für die Arthrostraca Malacostraca = Edriophthalma.

Wenn also die bei den lebenden Crustaceen vorhandenen Merkmale gegen ein gleichzeitiges Vorkommen von sessilen Augen und Stielaugen bei einer

Figur 2.
Nahecaris Stürtzi Jkl. Unterdevon. Hunsrückschiefer. Neuer Rekonstruktionsversuch. In der Hauptsache nach Exemplaren des Münchner Museums. Die Skulptur des Velums besonders n. einem Exemplar in Frankfurt a. M. Der obere Teil des Carapax besaß vermutlich auch eine feine Skulptur, deren Spuren am Ober- u. Unterende zu sehen sind. Nat. Größe. C Carapax mit Rostrum R u. Velum V. T Abdomenendsegment mit Furca F. O Stielauge. X ? Sessiles Auge. A^1a Hauptgeißel der Antennula mit Sinnesborsten, A^1b Nebengeißel der Antennula A^2npt Endopodit, A^2xpt Exopodit der Antenna. Beide mit erhaltenen Borsten. S Schaft der Endopoditen der Antenna. Tp I, II Thoracopoda I u. II. Die übrigen sechs werden vom Velum verdeckt. Bezüglich derselben siehe die frühere Rekonstruktion (diese Zeitschrift 1928, S. 16!). Plp 1—5 die fünf Pleopoda. Die Segmente des Abdomens sind etwas gedreht, um die Skulptur zu zeigen.

Form zu sprechen scheinen, so möchte ich auf Grund des vorliegenden fossilen Materiales es nicht für unmöglich halten, daß diese beiden Formen von Komplexaugen bei Nahecaris vorkommen können. Nahecaris besitzt nämlich wie schon früher dargelegt[1]) wurde auch zwei Paar geringelter Geißeln, was ebenso innerhalb der Crustacea eine ganz auffällige einzig dastehende Erscheinung ist; die Gattung teilt weiter mit vielen Eumalacostraca den Besitz einer Antennula mit zwei geringelten Geißeln und mit den Leptostraca die Zahl der Abdominalsegmente und die bezeichnende Furca. Demnach hat es den Anschein, als ob **Nahecaris** aus dem **unteren Devon eine Form von generalisiertem Gepräge wäre** und aus diesem Grunde halte ich auch das gleichzeitige Vorkommen von Stiel- und sessilen Augen nicht für unwahrscheinlich; daraus würde sich dann weiter der Schluß ableiten lassen, daß Stielaugen und sessile Augen einander nicht homolog zu sein brauchen.

Antennula.

Tafel III und IV.

Ein Exemplar, das in schräger Stellung, d. h. teils in Rückenlage teils in Seitenlage vorliegt, zeichnet sich besonders durch die gute Erhaltung der Antennula aus. Es sind beide Paare derselben zu sehen, wie sie aus der Mitte des Panzervorderrandes hervortreten. Über das rechtsseitige Paar legt sich als zugespitzter Dorn der distale Abschnitt des Rostrums, dessen proximaler Teil verloren gegangen ist.

An beiden Antennulae hat sich ihr Schaft erhalten, von welchem zwei Glieder zu sehen sind: ein größeres proximales und ein kleines distales. Von dem letzteren entspringen, was an dem linksseitigen Paar gut zu beobachten ist, zwei Äste: eine kürzere mediodorsale Nebengeißel und eine lateroventral davon gelegene längere Hauptgeißel.

Entgegen den Beobachtungen an dem bisher untersuchten Material, das hinsichtlich der Erhaltung einiges zu wünschen übrig läßt, zeigt sich jetzt, daß beide Geißeln relativ lange und zarte Gebilde sind, sie sind also nicht stämmig, wie früher

1) Broili l. c. S. 13.

gesagt wurde, sondern gerade das Gegenteil ist der Fall. Man sieht daraus, wie man sich bei der Erhaltung durch Pyrit täuschen kann.

Beide Geißeln beginnen proximal mit kräftigeren Gliedern, an der Hauptgeißel scheinen dieselben relativ etwas stärker zu sein, wie die der Nebengeißel, dann verschwächen sich die Glieder allmählich zu fadendünnen Anhängen. An der Hauptgeißel, welche an dem erwähnten Stück eine Länge von 3,5 cm erreicht, beträgt die Gliederzahl schätzungsweise zwischen 45 und 60. Die Länge der Nebengeißel ist 2,8 cm.

Eine günstige Erhaltung einerseits und die vorsichtige Präparation von Seiten des Herrn Maucher andererseits lassen an der Hauptgeißel der linken Körperhälfte gut wahrnehmbare Borsten erkennen. Dieselben haben sich in der mittleren Partie der Geißel beiderseits erhalten und erscheinen ziemlich kurz. Aller Wahrscheinlichkeit nach handelt es sich dabei um Sinnesborsten (Tastborsten, bzw. Aesthetasken), welche besonders an der Antennula und vor allem an ihrer Hauptgeißel zu liegen pflegen. An der kleineren Nebengeißel konnte ich nicht mit Sicherheit solche Borsten erkennen.

Antenna.

Das nämliche Exemplar, welches die schönen Einzelheiten an der Antennula zu erkennen gibt, zeigt in ebenso prächtiger Erhaltung schöne bisher noch nicht bekannte Einzelheiten an der linken Antenne.

Vom Protopoditen derselben ist nichts zu sehen, er dürfte noch ganz unter dem Carapax versteckt liegen. Das, was ich als Basis des Protopoditen an dem Stürtzschen Genotyp (T. 32, Fig. 1 bei Hennig) ansah[1], kann ich, nachdem mir jetzt der Abguß des Originales vorliegt, nicht mehr als solche betrachten, sondern halte es für sehr wahrscheinlich, daß dieses rundliche Scheibchen das linke Stielauge darstellt, an dem allerdings der Stiel zu Verlust ging.

An dem größeren Ast der Antenne, dem Endopoditen tritt der Schaft unter dem Carapax heraus; dieser Schaft ist, wie bereits früher gesagt wurde, recht stämmig; auch bei diesem

[1]) l. c. S. 5.

Exemplar sind an ihm nur zwei Glieder nachweisbar: ein kleines proximales, dessen Anfang noch unter dem Carapax liegt und das durch eine Quersutur gegen .das zweite größere distale Glied abgegrenzt ist. Auf eine Eigentümlichkeit bezüglich der Erhaltung dieser Schaftglieder sei kurz hingewiesen. Es hat nämlich den Anschein, als ob die vordere Hälfte des Gliedes schwächer verkalkt gewesen wäre wie die rückwärtige, denn nur diese und der Vorderrand ist stärker pyritisiert. Diese Erscheinung ist an nahezu sämtlichen Stücken, welche den Endopoditen aufweisen, feststellbar. Der distale Teil des Endopoditen ist als Geißel ausgebildet, deren Gliederzahl ich auf 40—50 schätze — also auch beträchtlich mehr, als ich früher angenommen habe.

Sowohl der Schaft wie die Geißeln tragen in selten schöner Erhaltung auf beiden Seiten eine Garnierung mit feinen Borsten. Die dem Vorderrand ansitzenden bilden einen geschlossenen, lückenlosen Besatz haarfeiner kleinerer Borsten, welche auf ihre ganze Erstreckung nahezu die gleiche Größe haben. Die Borsten am Hinterrand sind kräftiger, größer und stehen bei weitem nicht so dicht wie jene des Vorderrandes; proximal wechseln anscheinend größere mit kleineren. Ungefähr vom 14. Glied ab — an der Stelle, wo sich die Geißel krümmt — werden die Borsten mit einmal bedeutend größer, um dann gegen das Geißelende zu allmählich wieder kürzer zu werden. Vor diesen Borsten trägt der Hinterrand eine Reihe ziemlich eng stehender kleiner Dornen.

Der kürzere Exopodit tritt bereits als Geißel aus dem Panzer hervor. Die Gliederzahl ist hier weniger gut zu schätzen, da namentlich proximal die Pyritisierung das Bild in dieser Hinsicht sehr unklar gemacht hat. Distalwärts werden die Gliedergrenzen anscheinend etwas klarer. Unter diesen Verhältnissen ist es natürlich nicht möglich, die Gliederzahl mit einiger Sicherheit zu bestimmen; ich möchte annehmen, daß ihre Zahl 50—60 betrug.

Auch der Exopodit hat seine Borsten noch großenteils konserviert. Jene des Vorderrandes lassen zwischen sich ziemliche Lücken bestehen; sie scheinen ziemlich starr zu sein, nehmen nach vorn ganz langsam ab und bilden einen rechten Winkel mit den Geißelgliedern; die des Hinterrandes sind gegen die Geißelspitze geneigt, sie lassen sich erst vom hinteren Drittel ab beobachten und ebenso zeigt sich außer diesen nach vorn allmählich an Größe abnehmenden Borsten, entsprechend den Verhältnissen am Hinterrand des Endopoditen, eine Garnierung mit kleineren Dornen.

Die rechte Antenne dieses Exemplars wurde von Herrn Maucher auf der Plattenunterseite freigelegt, ihre Erhaltung ist aber nicht so günstig.

An einem Frankfurter auf dem Rücken liegenden Individuum von Nahecaris zeigen sich in mangelhafter Erhaltung Teile der Antennula sowohl wie der rechten Antenna, welche nach der Seite gerichtet ist. An der Basis der letzteren gerade hinter der Antennula hebt sich mit deutlicher Umrandung ein rundliches Stück heraus, über dessen Deutung ich im unklaren bin, vielleicht ist es ein Glied des Protopoditen der Antenne, vielleicht ist es auf ein anderes Element zurückzuführen. Dasselbe grenzt median mit seinem hinteren Abschnitt, durch eine Furche getrennt, an ein ähnliches aber mehr länglich ovales Stück, dem sich nach vorn über den Rand des Carapax hinaus Teile der linken Antenne anschließen.

Das gleiche Exemplar hat auch noch

Thoracopoden

erhalten. Dieselben sind gegen die Körpermitte eingeschlagen; auf der rechten Körperhälfte lassen sich 7 oder 8, links davon 5 auseinanderhalten. Ihre Erhaltung ist mangelhaft, an einigen rechten Extremitäten glaubt man proximal kurz nach der Umbiegung eine Gliedgrenze in Gestalt einer Furche zu sehen, links sind die letzteren etwas undeutlicher. Die distalen Endigungen, die durch eine Furche deutlich abgeschnürt sind und dadurch auf eine Gliedgrenze hinweisen, lassen den manchmal pinselartig ausgebreiteten Borstenbesatz gut erkennen.

Pleopoden.

An dem oben genannten Exemplar in Rücken- und Seitenlage (Taf. III) haben sich beiderseits aus dem Hinterrand des Panzers hervortretend, noch weitere Extremitätenreste erhalten. Es handelt sich um die Pleopoden, welche sich schuppenförmig so eng übereinanderlegen, daß sich einwandfreie Beobachtungen über die Bauart derselben nicht anstellen lassen.

Auf der linken Seite scheint es sich um Reste von 5 Pleopoden, auf der rechten von 2 solchen zu handeln. Ihre proximalen Abschnitte sind leider nur undeutlich erhalten, dagegen ist der distal sehr stark ausgebildete Borstenbesatz gut zu sehen.

Das schon erwähnte Exemplar der Frankfurter Sammlung, welches auf dem Rücken liegt, läßt dem Abdomen aufliegende Reste von Pleopoden erkennen. Leider ist auch hier die Erhaltung eine unvollständige. Soweit man über diese fragmentären Reste der Pleopoden, welche ihre Ventralseite dem Beschauer darbieten, etwas aussagen kann, scheint es sich um blattförmige mit relativ langen Borsten besäumte Gebilde zu handeln, die möglicherweise — an einem der vorderen Pleopoden glaubt man es zu sehen — medianwärts lappenförmig ausgezogen waren.

Furca.

Ein anderes Exemplar zeigt an dem rechtsseitigen Stachel der Furca, daß derselbe ventral dicht mit feinen relativ kleinen Borsten besetzt ist.

Ein neuer Archaeostrace aus dem rheinischen Unterdevon.

Mit 3 Textfiguren.

Vor einiger Zeit hatte ich Gelegenheit aus den unterdevonischen Dachschiefern von Gemünden im Hunsrück das hintere Körperende eines großen Archaeostracen zu beschreiben und als cf. Mesothyra rhenana sp. n.[1]) in die Literatur einzuführen.

Die außergewöhnliche Freundlichkeit des Herrn Diplomingenieur J. Herold in Monzingen, der mir von der gleichen Form vier mehr oder weniger gut erhaltene Individuen von dem nämlichen Fundort zur Verfügung stellt, setzt mich nun in den Stand meine damaligen Angaben zu ergänzen und zu berichtigen.

---

[1]) Broili F., Crustaceenfunde aus dem rheinischen Unterdevon. Sitzb. d. b. Akad. d. Wissensch., math.-naturw. Abt. Jahrgang 1928. Heft 3. S. 203.

Alle vier Exemplare der Tabelle befinden sich in Seitenlage, drei zeigen die linke und eines die rechte Körperhälfte und ihr Abdomen ist mehr oder weniger gegen den Carapax eingeschlagen.

Der zweiklappige Carapax hatte ursprünglich die Form eines gerundeten Ovals, ist aber bei den verschiedenen Stücken

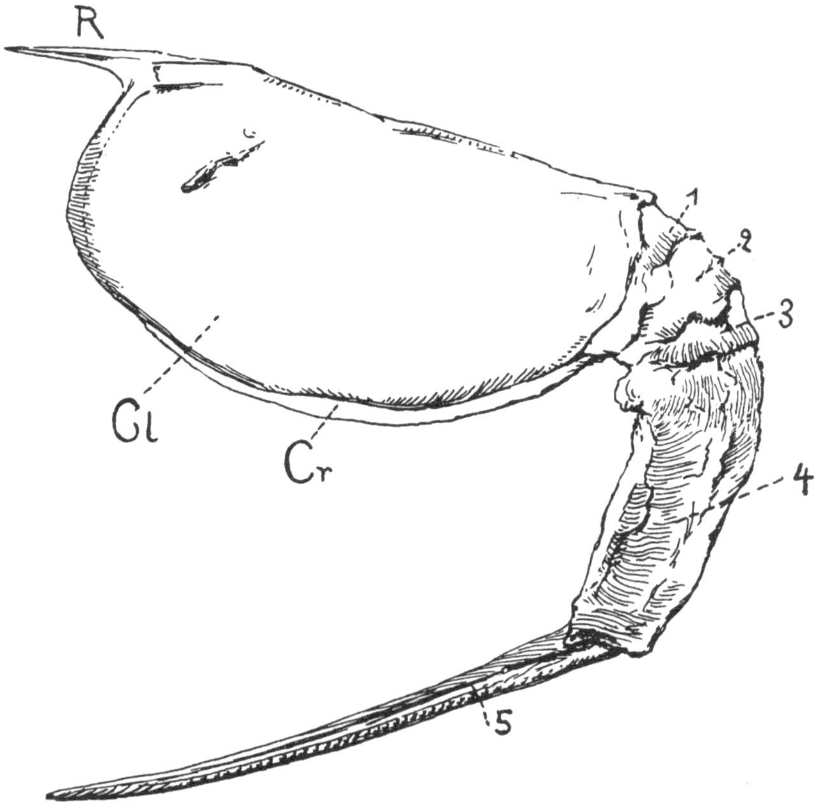

Fig. 3.
Heroldia rhenana Broili. Unterdevon. Hunsrückschiefer. Gemünden. Rheinprovinz. 45 cm langes Individuum (Nr. I des Textes und der Tabelle). Cl linke Klappe des Carapax unter der die etwas verschobene rechte Klappe, Cr hervortritt. R Rostrum. 1–5 die 5 Abdominalsegmente. 1/2 Nat. Größe.

durch den Gebirgsdruck teilweise verzerrt worden. Seine Flanken weisen keine seitlichen Kiele und keine erkennbare Skulptur auf. Nur ein Individuum (II. der Tabelle), es gehört zu denen, welche ihre linke Seite dem Beschauer zeigen, macht eine Ausnahme. Bei (Fig. 4) demselben ist anscheinend die Verbindung mit der Gegenklappe gelöst, was durch eine vom Hinterrand des Rostrums bis zum ersten aus dem Carapax hervortretenden Abdominalsegment verlaufende Längsrinne wahrscheinlich gemacht wird. An diesem Exemplar zieht vom unteren Ende des unterhalb des Rostrums gelegenen Höckers eine gelegentlich schwächer werdende und unterbrochene Leiste nach rückwärts, um sich, bevor sie den Hinterrand des Carapax erreicht, nahezu rechtwinklig nach aufwärts gegen den Oberrand zu ziehen. Diese Leiste ist an den anderen Individuen nicht wahrnehmbar, über ihre Bedeutung bin ich mir nicht klar, ich möchte es aber nicht für unwahrscheinlich halten, daß sie vielleicht, nachdem ihr Unterrand ungefähr in der Fortsetzung des Unterrandes der Abdominalsegmente liegt, den Konturen der Rumpfsegmente entspricht.

Während also auf der Oberfläche des Carapax sich keinerlei Skulptur mehr erhielt — das größte Individuum (IV. der Tabelle) ist mit zahlreichen kleinen Tentaculiten übersäht[1]) — geht von seinem als feine Leiste hervortretenden Rand eine anscheinend nur auf einen schmalen Saum beschränkte Ornamentierung von zarten Leistchen aus. Dieselben entspringen mehr oder weniger senkrecht oder schwach geneigt auf der Randleiste und sind durch schmale Zwischenräume voneinander getrennt. Die größte Breite dieses so skulpierten Randsaumes beträgt bei dem in der Beziehung am besten erhaltenen Stück (III. der Tabelle) $^1/_2$ cm.

An sämtlichen Exemplaren haben sich Spuren eines ovalen wulstigen Höckers erhalten. Derselbe zeigt sich unterhalb des hinteren Endes des Rostrums und ist mehr oder weniger parallel zum Vorderrand des Carapax gestellt. Bei einem Individuum (III) ist dieser Wulst durch eine ovale kraterförmige Einsenkung, welche vielleicht auf eine beim Fossilisationsprozeß entstandene Beschä-

[1]) Dieses größte Exemplar ist schon in Zerfall begriffen, trotzdem sich noch die Abdominalsegmente alle im Zusammenhang mit dem Carapax befinden. Die Auflösung macht sich besonders an dem zerfallenden Randsaum der beiden Klappen des Carapax geltend, dessen Reste sich mehrfach überschneiden. Nicht nur die Oberfläche des Panzers, sondern auch seine Umgebung war dicht mit Tentaculiten bedeckt, die möglicherweise an den Zerfallsprodukten hier Nahrung fanden.

digung zurückzuführen ist, besonders deutlich markiert; an zwei anderen (I. und II.) trägt der Höcker einen leistenartigen Vorsprung (seine Bedeutung ist mir einstweilen unklar, vielleicht läßt

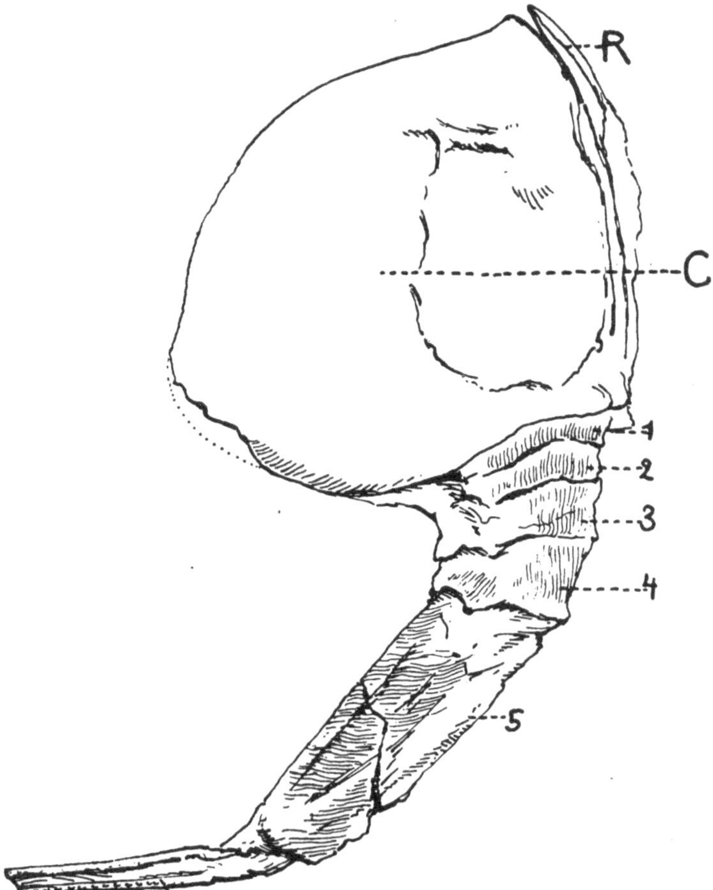

Figur 4.
Heroldia rhenana Broil. Unterdevonische Hunsrückschiefer. Gemünden. Rheinprovinz 32,2 cm langes Individuum (Nr. II. des Textes und der Tabelle). C Carapax. R Rostrum. 1—6 die sechs sichtbaren Abdominalsegmente. $^1/_2$ nat. Größe.

er sich auf ? den Kaumagen beziehen). An einem dieser Stücke (II) findet sich hinter diesem Höcker noch ein breiter rundlicher Wulst von unregelmäßiger Begrenzung, dem sich nach unten ein klei-

Fig. 5.

Heroldia rhenana Broili. Unterdevonische Hunsrückschiefer. Gemünden. Rheinprovinz. 60 cm langes Individuum (Nr. IV. des Textes und der Tabelle). C Carapax. R Rostrum. 1–5 die fünf sichtbaren Abdominalsegmente. Etwas mehr als die Hälfte verkleinert.

nerer anschließt. An den anderen Individuen lassen sich solche nicht erkennen.

Das Vorhandensein eines Rostrums ist an allen Stücken festzustellen. Bei zweien ist es gut erhalten. Dasselbe ist frei und kann bis 6 cm Länge erreichen. An einigen Exemplaren erscheint das Rostrum leicht gekrümmt; ob dies ein ursprüngliches Merkmal oder auf die Art der Erhaltung zurückzuführen ist, läßt sich nicht feststellen. Die vordere Hälfte des Rostrums springt als spitzer, dreiseitiger Stachel aus dem Carapax heraus, seine hintere ebenfalls dreiseitige Partie greift mit nach unten abgeschrägten Kanten in die entsprechend ausgeschnittenen Klappen des Carapax ein. An einem Individuum (IV) läßt sich auf der Oberfläche eine deutliche Ornamentierung in Gestalt von zarten Leistchen beobachten, welche nach hinten und abwärts auslaufen.

Bei dreien der vier Exemplare ist die Zahl der aus dem Carapax hervortretenden Abdominalsegmente feststellbar. Bei zweien derselben (I. und IV.) sind fünf, bei einem dritten (II.) sechs zu zählen. Die beiden vorderen sind verhältnismäßig schmale und hohe Scheiben, das dritte bzw. vierte Glied nehmen rasch an Größe zu und das vierte bzw. fünfte (d. h. das vorletzte bei allen Individuen) wird auffallend groß und nimmt die Form eines langen zylindrischen Rohres an, das proximal gegenüber seinem distalen Ende etwas verbreitert ist. An letzterem erscheint die untere kleinere Hälfte von hinten her eingebuchtet, so daß das Profil des Hinterrandes dieses vierten bzw. fünften Segmentes dem sehr ähnlich wird, wie es Novák[1]) auf Tafel 1 Fig. 17 seiner Rekonstruktion des Abdomens von Aristozoe abbildet. Aus der größeren oberen Hälfte tritt das stachelförmige Telson hervor.

Bei verschiedenen Exemplaren haben sich auf den Gliedern des Abdomens Reste der Ornamentierung erhalten. Dieselbe besteht ähnlich wie am Randsaum des Carapax aus zarten durch Zwischenräume getrennten Leistchen, die gegenseitig anastomosieren können. Auf den vorderen Abdominalsegmenten scheint ihr Verlauf, soweit die Erhaltung eine Beobachtung zuläßt, ein ziemlich unregelmäßiger überwiegend horizontal gerichteter zu sein: im oberen und unteren Drittel vom dritten Seg-

[1]) Novák O., Remarques sur le genre Aristozoe Barrande. Sitzungsb. d k. böhmisch. Akad. d. Wissensch., 1885.

ment von Individuum IV. sind sie mehr oder weniger vertikal gestellt, während sie in der Mitte eine deutliche horizontale Wellung annehmen. Auf dem langen vierten bzw. fünften Segment läßt sich ein überwiegend diagonaler Verlauf der Leistchen von vorne und oben nach hinten und unten feststellen.

Was das Abdominalendsegment, den Stachel anlangt, so hatte ich in der früheren Arbeit[1]) auf Grund des Vergleiches mit Mesothyra angenommen, daß an dem damals vorliegenden Rest derselbe der eine Stachel einer Furca wäre und daß der andere verloren gegangen sei. Diese Annahme war eine irrige. Unsere Form, wie aus dem nun zur Verfügung stehenden Material ohne Zweifel hervorgeht, hat ebenso wie Aristozoe ein als einzigen Stachel ausgebildetes Telson. Andeutungen einer Furca sind nicht erkennbar. Novák hat an unverdrücktem Material bei Aristozoe nachweisen können, wie die Gelenkung dieses Stachels mit dem vorausgehenden Glied erfolgt; unser Material gestattet keine solche Beobachtung, da in allen Fällen der Stachel noch in fester Gelenkverbindung aus dem 4. bzw. 5. Abdominalgliede heraustritt.

Der Stachel selbt ist leicht gekrümmt; seine Oberkante bildet einen kräftigen Wulst mit anfänglich einer einfachen und distal mit einer Doppelreihe kleiner Wärzchen bzw. Grübchen, die offenbar Borsten, von denen sich keine mehr erhielten, als Ansatzstellen dienten. Auch die Stachelunterkante ist verdickt, doch nicht so stark wie die Oberkante; an einem Individuum zeigt sich besonders im distalen Abschnitt eine schwächere Mittelleiste. Skulptur von gleichem Charakter wie auf dem Abdomen ist an verschiedenen Stellen zu sehen, besonders auf der Unterkante, die keinen Warzenbesatz trägt.

Besonders auffallend ist die Länge des Stachels; wenn er vollständig bis zur Spitze erhalten ist, erreicht er die Länge des Carapax mit seinem Rostrum; im Zusammenhang damit steht auch die starke Verlängerung des vorletzten Abdominalsegmentes, das sich ähnlich aber nicht so stark verlängert bei Nahecaris findet und das nach Balß[2]) sich bei den Decapoda

[1]) Broili 1928. Heft 3. S. 202.

[2]) Balß H. in Kückenthal W. u. Krumbach O., Handbuch der Zoologie, eine Naturgeschichte der Stämme des Tierreichs. 3. Bd. 1. Hälfte, Abschnitt Decapoda. 1927. S. 855.

natantia bei besonders gut schwimmenden Formen findet; an ihm inserieren bei den Decapoden die Muskeln für den Schwanzfächer, bei unserem Genus dürften an ihm die Muskeln für den Stachel, der wohl als Steuer funktionierte, angesetzt haben.

Wir können auf Grund dieses entscheidenden Merkmales deshalb wohl annehmen, daß auch das hier vorliegende Tier eine gute Schwimmfähigkeit besaß.

Unsere Form stellt einen Riesen innerhalb der Archaeostraca vor und übertrifft alle bisher bekannten Genera um ein bedeutendes. Ich hatte auf Grund des mir seiner Zeit zur Untersuchung stehenden Restes auf über $^{1}/_{2}$ m große Tiere geschätzt — ein mir nun vorliegendes Exemplar erreicht eine Länge von über 60 cm.

Ich[1]) hatte früher an eine mögliche Verwandtschaft dieser rheinischen Archaecostracen mit Mesothyra gedacht und deshalb die Form als cf. Mesothyra rhenana sp. nov. bezeichnet. Nach dem Vorausgehenden besteht eine solche Verwandschaft nicht, dagegen ist die schon mehrfach genannte Aristozoe aus dem böhmischen Devon, die freilich nur in isolierten Teilen bekannt ist, wohl ein verwandtes Genus; allerdings ist Aristozoe von bedeutend geringerer Größe, statt des fein skulpierten Randsaumes am Carapax bei unserer Form treffen wir einen kräftigen Randwulst, in der Nähe des Carapaxoberrandes zeigt sich weiter bei Aristozoe eine Anzahl von Höckern, von einem Einschnitt für ein Rostrum wird nirgends Erwähnung getan und die charakteristische Skulptur feiner Leistchen fehlt am Abdomen.

Es handelt sich demnach um eine neue Gattung und ich nenne dieselbe nach Herrn Diplomingenieur J. Herold, welcher so hochherzig war, zwei Exemplare unserer Sammlung zu schenken:

Heroldia gen. nov.

Für die neue Gattung ergibt sich folgende Diagnose.

„Carapax zweiklappig, mit langer Symphyse, rundlich oval, ohne seitlichen Kiel; ein schmaler Randsaum mit feiner Leistchenskulptur. Unterhalb des Rostrums eine wulstartige Erhöhung entwickelt. Die vordere

[1]) Broili 1928. Heft 3. S. 202.

Hälfte des beweglichen Rostrums als spitz dreiseitiger Dorn aus dem Carapax hervortretend. Bis sechs Abdominalsegmente nachgewiesen, dieselben mit Leistchenskulptur, nach hinten an Größe zunehmend, vorletztes Abdominalsegment auffallend lang, röhrenförmig, Abdomenendsegment (Telson) als ein langer Stachel entwickelt, dessen Oberkante mit kleinen Wärzchen besetzt ist.

Bis 60 cm große Tiere. Unter-Devon, Hunsrückschiefer, Rheinprovinz."

Innerhalb der Archaeostraca ist Heroldia einstweilen den Ceratiocarina Clarke[1]) anzugliedern; Aristozoe, welche von Clarke zu seiner Familie der Echinocaridae gestellt wird, ist, wie bereits gesagt, eine verwandte Form. Hoffentlich glückt es einmal ähnlich wie bei Nahecaris, Exemplare mit erhaltenen Extremitäten zu finden, dann wird sich die systematische Stellung besser fixieren lassen.

Maße (in cm) der vier Exemplare.

	I.	II.	III.	IV.
1. Länge von der Spitze des Rostrums bis zum Ende des Schwanzstachels	45	32,4	39,1	60
2. Länge des Carapax mit Rostrum .	16,3	10,5	11,3	21
3. Größte Höhe des Carapax . . .	8,5	12,1	10,3	11,5
4. Länge des vorletzten Abdominalgliedes	8,2	9,4	?8,8	13
5. Länge des Schwanzstachels . .	16,3	7	13,3	20,6

Bei II. und III. fehlt das Hinterende des Schwanzstachels, bei II. ist der Carapax sehr stark seitlich komprimiert, bei III. ist die vordere Grenze des vorletzten Abdominalgliedes unsicher.

Bei Exemplar II., bei welchen die Grenzen der sechs Abdominalsegmente gut zu sehen sind, lassen sich am Oberrand folgende Längen messen:

1. Segment: 0,5 cm. 2. Segment: 0,8 cm. 3. Segment: 1,7 cm. 4. Segment: 2,2 cm. 5. Segment: 9,4 cm. 6. Segment unvollständig.

---

[1]) Clarke J. M. in Zittel-Eastmann, Text-book of Palaeontology. Sec. Edit. Vol I. 1913. S. 750.

Ein Pantopode aus dem rheinischen Unterdevon.

Mit Tafel V und 1 Textfigur.

Aus den unterdevonischen Dachschiefern des Hunsrück von Bundenbach wurde mir kürzlich von Herrn Diplomingenieur Maucher ein von ihm präparierter Arthropodenrest übermittelt, welcher zu den interessantesten Funden gehört, die in diesen für die Geschichte der Lebewelt so wichtigen Ablagerungen gemacht wurden.

Das Versteinerungsmittel des Objektes ist, wie das gewöhnlich in diesen Schiefern ist, Pyrit, außerdem ist aber bei der Fossilisation noch in hohem Grade Kieselsäure beteiligt, deren Anwesenheit auch bei andern von mir dort untersuchten Organismen beobachtet wurde und sich bei der Präparation derselben sehr unangenehm bemerkbar machte.

Das in einer Ebene ausgebreitete und seine Dorsalseite zeigende Tier läßt beim ersten Anblick sofort eine gewisse bilaterale Symmetrie erkennen, insofern als eine Gruppe der vom Körper ausgehenden Extremitäten sich nach der linken Seite und die gleiche Zahl auch nach rechts wendet; zwischen beiden Gruppen wäre die Symmetrielinie des Restes zu suchen. Durch diese Eigentümlichkeit ist dem Stück zunächst einmal eine gewisse Orientierung gegeben, da an demselben ein besonderer Kopf- oder Abdominalabschnitt nicht ausgeprägt ist oder sich nicht erhielt. Es fragt sich nun, was an dem Stück vorne und was hinten ist. Die Entscheidung darüber wäre ziemlich schwierig, zumal die Extremitäten annähernd gleich groß sind und gleichartige Bauart haben. Nun finden sich in der Nähe des an dem einen Körperpol ausgehenden Extremitätenpaares die Reste von zwei unter diesen heraustretenden kleineren Extremitäten. Auf Grund dieses Merkmales betrachte ich diesen Körperteil als den oralen Pol.

Der Körper, wie er sich erhielt, zeigt sich als flache schildförmige Scheibe, an der sich die Grenzen von 4 Segmenten unterscheiden lassen; das vordere kleinere hat gerundet dreiseitige, die zwei folgenden größeren vierseitige Gestalt, während die Umrisse des 4. und letzten nicht vollständig erkennbar sind, aber doch eine dreiseitige Form vermuten lassen. Die Grenzen der Segmente sind als deutliche Querfurchen zu erkennen.

Von diesen Segmenten gehen beiderseits 4 Lateralfortfortsätze aus, dieselben sind vierseitig und tragen ihrerseits die Extremitäten. Die Oberfläche dieser seitlichen Verlängerungen der Körpersegmente besitzt eine äußerst bezeichnende Ornamentierung mit verhältnismäßig kräftigen Leisten, welche zu den Segmenten, von denen sie ausgehen, parallel verlaufen. Diese

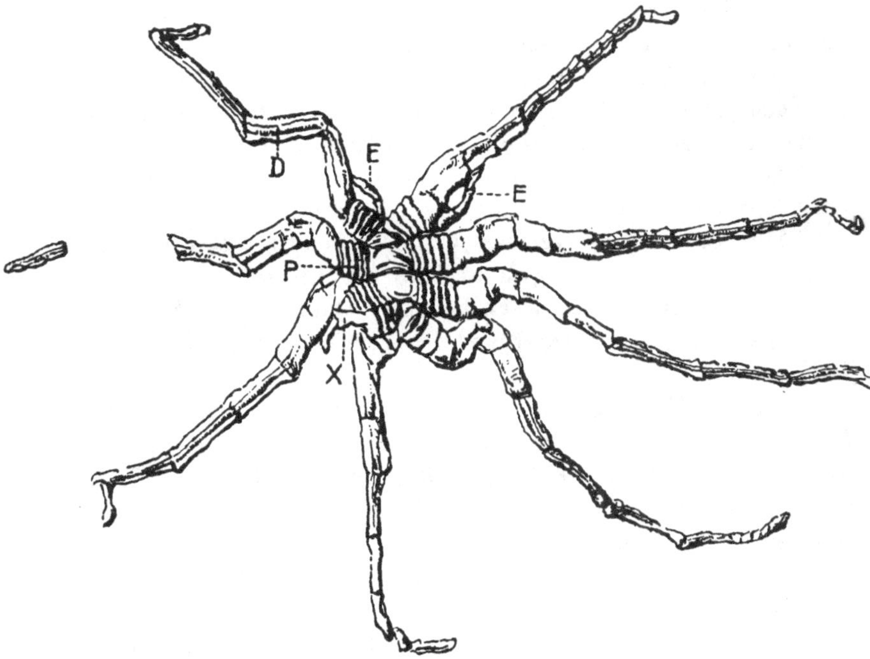

Figur 6.

Palaeopantopus Maucheri gen. et spec. nov. Unterdevon. Hunsrückschiefer. Bundenbach. Rheinprovinz. Nat. Größe. D Darmblindschläuche innerhalb der Extremitäten. E Fragmente kleinerer Extremitäten am vorderen Ende der Körperscheibe. P Leisten auf den Lateralfortsätzen. X dislozierter ? Extremitätenrest auf dem hinteren Ende der Körperscheibe.

Leisten sind durch Zwischenräume, die ungefähr so breit wie sie selbst sind, getrennt.

Auf den beiden vorderen Fortsätzen, welche nach vorne und außen gerichtet sind, kann man je 4 solcher Leisten zählen. Die zwei weiteren Paare von Fortsätzen, die mehr oder weniger senkrecht zur Körperaxe gestellt sind, haben je 5 Leisten. Die distale d. h. die 5. Leiste auf dem hinteren der beiden Paare scheint in zwei schwächere aufgelöst zu sein; eine Erscheinung, die allerdings auch auf den Fossilisationsvorgang zurückgeführt werden kann. Der letztere, d. h. die Pyritisation bzw. die Verkieselung, die vielfach ungünstig auf die Erhaltung der Fossilien aus den Hunsrückschiefern wirkt, hat auch diese Versteinerung sehr beeinflußt und besonders die Skulpturleisten stark mitgenommen; dieselben sind teilweise zerrissen, scheinen mit Knötchen verziert zu sein oder hohlziegelartig aneinander zu liegen und täuschen dergestalt eine Pseudoskulptur vor.

Was die beiden hinteren Lateralfortsätze anlangt, so sind sie nach außen und hinten gerichtet. Ihre Erhaltung und Abgrenzung gegen die Extremitäten ist nicht so günstig wie die der vorausgehenden. Es scheinen nur 2 oder 3 Leisten auf ihnen ausgebildet zu sein.

Alle Lateralfortsätze stehen mit ihren proximalen Abschnitten in enger gegenseitiger Berührung.

Von diesen seitlichen Fortsätzen entspringen 4 Extremitätenpaare, die gegliedert und im Verhältnis zum Körper sehr lang sind.

Bei der Zählung dieser Glieder bereitet, wie vorausgehend bei der Beschreibung der Skulpturleisten hevorgehoben wurde, die Erhaltung gewisse Schwierigkeiten, weil die durch die Fossilisierung entstandenen Quersprünge den Eindruck von Gliedergrenzen hervorrufen können.

Die 4 Gliedmaßenpaare scheinen alle von gleichartiger Bauart zu sein.

Die Länge der Extremitäten beträgt bei der rechten Gruppe von vorne nach hinten,

beim 1. (?unvollständig erhalten): 4,5 cm,
beim 2.: ca. 5,5 cm,
beim 3.: ca. 6 cm,
beim 4. (sehr gezerrten): ca. 6,7 cm;

bei der linken Gruppe,

beim 1. (?unvollständig erhalten); 4,5 cm,
beim 2. (durch eine Lücke unterbrochen): 4,7 cm,
beim 3. (unvollständigen): 4,8 cm
beim 4.: 5 cm.

Demnach scheint das vordere Beinpaar etwas kürzer und das hintere etwas länger zu sein als die beiden mittleren Paare, doch können diese Differenzen auch durch den Fossilisationsprozeß, wodurch die Beine verzerrt wurden, veranlaßt sein. Relativ am besten sind die Gliedergrenzen an der 2. und 3. Extremität der rechten Körperseite feststellbar; ich glaube hier bei der Festlegung derselben ziemlich sicher zu gehen, zumal an diesen beiden Beinen die Grenzen sich annähernd in den gleichen Abständen einstellen: an 3 kürzere und mehr gedrungene proximale Glieder reihen sich 4 längere an. An der 2. Extremität folgt im knieförmigen Winkel ein weiteres Glied, an das sich ein kleines krallenförmiges Endglied anschließt. Das distale Ende der 3. Extremität läßt sich weniger gut deuten, doch glaube ich sicher zu sein, daß es ebenso gebaut war, wie das 2. Demnach beträgt die Zahl der Glieder an diesen beiden Beinen 9. Auch an der 4. rechten Hinterextremität glaubt man — die Sprünge wirken sehr störend — 9 Glieder auseinanderhalten zu können. Weniger übersichtlich sind die Grenzen an den übrigen Beinen, wo es besonders an ihren proximalen Abschnitten schwer fällt, sekundär entstandene Risse und Sprünge auseinander zu halten. Aus den annähernd gleichen Größenverhältnissen aller Beine, dürfte aber der Schluß zu ziehen sein, daß wahrscheinlich alle 4 Extremitätenpaare je 9 Glieder besaßen.

Bei der Betrachtung dieser Extremitäten unter dem Vergrößerungsglas, besonders unter der Binocularlupe fällt eine Erscheinung besonders auf. Dieselbe besteht darin, daß an Gliedern verschiedener Beine sich Spuren eines Längskanals beobachten lassen. Derselbe tritt dann besonders deutlich hervor, wenn er von Pyrit erfüllt, sich aus der verkieselten Umgebung abhebt. Die Reste dieses Kanals sind, allerdings durch den Versteinerungsvorgang vielfach zerstückelt, bis ziemlich weit in die distalen Glieder hinein zu verfolgen. Die Art einer solchen Erhaltung an unserem Fossil scheint dafür zu sprechen, daß der eigentliche Chitinpanzer verkieselte, während auf der Oberfläche und im Längskanal sich Pyrit niederschlug.

Außer diesen 4 Beinpaaren sind die bereits eingangs genannten kleineren Extremitäten zu nennen, welche an dem einen Ende des Körpers zu sehen sind. Die eine derselben tritt zwischen dem vorderen Extremitätenpaar unter der Körperscheibe in der Nähe des linken Beines hervor, um sich distal an dasselbe anzulehnen. Sie erweckt den Eindruck, als ob sie im Vergleich mit den vorausgehend besprochenen Extremitäten sehr klein und schwach wäre, irgend eine Gliederung ist an ihr nicht mehr erkennbar. Die andere der genannten Extremitäten zeigt sich zwischen dem ersten und zweiten Bein der rechten Gruppe, sie wendet sich nach vorne und verschwindet unter dem ersten; auch sie ist klein und Einzelheiten sind an ihr nicht zu sehen.

Herr Diplomingenieur Maucher hat auch die Ventralseite dieses oralen Poles freigelegt. Man sieht hier Reste, welche wahrscheinlich auf Extremitäten zurückzuführen sind, irgendwelche Details sind aber nicht unterscheidbar.

Es bleibt noch ein weiterer Rest zu besprechen übrig, welcher dorsal, das hintere Körpersegment teilweise verdeckend, demselben aufgelagert ist und nach der dritten Extremität der linken Gruppe hinübergreift; derselbe zeigt an seinem Ausgang drei kräftige Querwülste, die stärker sind als die Leisten auf den von der Körperscheibe ausgehenden Lateralfortsätzen; das distale Ende ist hakenartig nach hinten gekrümmt, an der Umbiegungsstelle ist eine deutliche Gliedgrenze sichtbar; außerdem macht sich fast auf die ganze Ausdehnung des Restes hin in pyritisierter Erhaltung die Spur eines vielfach zerrissenen Längskanals bemerkbar, wie er vorausgehend an den Extremitäten beschrieben wurde. Wir werden deshalb vielleicht nicht fehlgehen, wenn wir diesen Rest als ?disloziertes Fragment einer Extremität deuten, welche vermutlich ursprünglich an dem vorderen Teil des Körpers saß.

Welcher Gruppe innerhalb der Arthropoda ist das vorliegende Fossil nun anzuschließen?

Auf Grund der vorausgehenden Beschreibung dürfte kein Zweifel bestehen, daß es sich um eine Asselspinne, einen Pantopoden handelt. Das was uns hier erhalten vorliegt, ist der Rumpf eines solchen, d. h. die Körperscheibe mit vier deutlich erkennbaren Segmenten und jederseits vier von diesen ausgehenden Lateralfortsätzen. Diese Fortsätze tragen vier lange gleichartige Schreitbeine, die wahrscheinlich alle aus neun Gliedern zusammengesetzt sind und die fast auf ihre ganze Erstreckung hin von „Kanälen“, d. h. von den für die Pantopoden so bezeichnenden Darmblindschläuchen durchzogen werden. Das Rostrum und das Abdomen hat sich nicht erhalten, dagegen sind außer einem isoliertem Beinfragment noch Reste von allerdings recht ungenügend konservierten kleineren Extremitäten aus der Nähe des oralen Körperpoles nachweisbar.

Die Systematik der rezenten Pantopoda ist in erster Linie auf den Bau der vorderen Extremitäten begründet, von denen an unserem Funde nur ganz ungenügend Teile erhalten blieben. Eine Einreihung in eine Familie derselben ist deshalb nicht erlaubt, zumal ich auch ein bezeichnendes Merkmal der fossilen Form, nämlich die offenbar als Versteifung dienende Leistenornamentierung der Lateralfortsätze bei keiner der lebenden Pantopodengattungen — soweit mir die Literatur zugänglich war — wieder finden konnte.

Ich bezeichne diesen ältesten Pantopoden aus dem unteren Devon als

Palaeopantopus Maucheri gen. et spec. nov.

wobei ich die Art nach Herrn Diplomingenieur Maucher benenne, welcher den Rest so trefflich präparierte und der Staatssammlung zuführte.

Für das neue Genus Palaeopantopus läßt sich, soweit es überliefert ist, folgende Diagnose aufstellen:

„Körper gestreckt schildförmig mit vier deutlich voneinander abgegrenzten Segmenten. Lateralfortsätze kräftig, proximal aneinander grenzend, durch starke Querleisten versteift.

Rostrum und Abdomen unbekannt. Von den Extremitäten vier Paare Schreitbeine (Extremitäten IV—VII) erhalten. Diese annähernd von gleicher Größe, anscheinend alle neungliedrig, mit fast in die letzten Glieder sich erstreckenden Darmblindschläuchen.

Unterdevon (Hunsrückschiefer) Rheinprovinz."

Es handelt sich bei Palaeopantopus um eine recht große Asselspinne, bei welcher die Länge der Körperscheibe 1,4 cm beträgt. Mit dem nicht erhaltenen Rostrum und Abdomen dürfte das Tier noch ziemlich größer gewesen sein. Seinem Habitus und seiner Größe nach dürfte Palaeopantopus gewisse Ähnlichkeiten mit der rezenten Decalopoda australis, Eights[1]) besessen haben, die allerdings fünf Paar Schreitbeine hat.

Bezüglich der Oekologie der rezenten Pantopoden wissen wir, daß sie ziemlich gleichmäßig über alle Meere besonders in den Litoralgebieten verbreitet, aber auch in Tiefen von 400—600 m noch häufig sind und vereinzelt bis in 3000 m Tiefe angetroffen werden. Die Formen der Strandzone leben langsam kriechend auf Algen, besonders aber auf Hydroidkolonien, deren Polypen ihre Nahrung bilden.

Auch unser devonischer Pantopode war, selbst wenn wir keine lebenden Pantopoden kennen und nicht über ihre Lebensweise unterrichtet wären, jedenfalls auf Grund seiner ihm eigentümlichen Schreitbeine ein Grundbewohner.

Hydrozoen, mit denen Palaeopantopus in Beziehung gebracht werden könnte, sind mir bis jetzt aus der Fauna der Hunsrückschiefer noch nicht bekannt geworden. Vielleicht waren die in diesen Sedimenten so häufigen Crinoideen sein Wohngebiet und fand er auf denselben seine Nahrung?

Angesichts dieser Möglichkeit könnte man daran denken, ob nicht die von mir[2]) früher als Crustaceenfüße gedeuteten, in Zusammenhang mit einer Seelilie gefundenen und in mögliche Beziehungzu derselben gebrachten Reste von Palaeoisopus auch auf Pantopoden zurückzuführen sind[3]). Die Beine von Palaeoisopus sind, soweit sie aus dem betreffenden Crinoideenkelch heraustreten, zwar ziemlich gleichartig gebaut, aber sie beginnen proximal mit einem langen stabförmigen Glied, dem sich ein kleines knieförmig gewinkeltes und dann fünf gleichmäßig an Größe abnehmende Glieder anschließen, während bei unserem Tier, wie das die Regel bei den Pantopoden ist, auf drei kürzere proximale, drei längere distale Glieder folgen. Es ist deshalb sehr schwer,

---

[1]) Hodgson J. V., The Pycnogonida of the Scottish National Antarctic Expedition. Transact. R. Soc. of Edinburgh. Vol. 46. P. I. 1907. 08. S. 182. T. 3, Fig. 2.

[2]) Broili F., Crustaceenfunde aus dem rheinischen Unterdevon. Diese Zeitschrift 1928. Heft 3. S. 197.

[3]) Zu der gleichen Vermutung kommt Herr Kollege Dr. W. J. Calman vom Britischen Museum in einem an mich während der Drucklegung gerichteten Briefe.

die Extremitäten von Palaeoisopus auf die Pantopodenextremität zu beziehen, es müßte denn sein, daß es sich wirklich um einen Commensalen mit abweichend gebauten Extremitäten handelt?

Palaeopantopus ist aber nicht nur der älteste, sondern auch, nachdem meines Wissens bis jetzt aus anderen Formationen keine Pantopoden bekannt geworden sind, gleichzeitig der einzige fossile Vertreter, dieser im System umstrittenen ausschließlich marinen Arthropodengruppe.

„Die Pantopoden gehören zu den häufigsten Tiergestalten, welche die Litoralfauna aller Meere beherbergt. Man kann kaum eine handvoll Algen, einige Bruchstücke untermeerischen Gesteines oder die Ergebnisse eines Dredgezuges durchsuchen, ohne auf eine oder mehrere Arten dieser Tierchen zu stoßen,“ sagt A. Dorn[1]) an der Spitze seiner grundlegenden Monographie der Pantopoden.

Die Lückenhaftigkeit unserer fossilen Überlieferung wird bei der Überlegung dieser beiden Tatsachen so recht klar und wir müssen deshalb uns immer und immer wieder das vor Augen halten, daß wir eigentlich aus allen Formationen nur äußerst kümmerliche Bruchteile ihrer Faunen kennen!

Die gegenwärtige Anschauung hält es für sehr wahrscheinlich, daß die zehnfüßigen Pantopoden, d. h. diejenigen, welche fünf Gangbeinpaare besitzen (Decalopoda und Pentanymphon) gegenüber den übrigen, welche nur vier Gangbeinpaare tragen, die primitiveren sind[2]).

Wenn diese Meinung zu Recht besteht, so ist zu erwarten, daß, nachdem wie oben gezeigt wurde, sich im unteren Devon eine Form mit vier Paar Schreitbeinen findet, die Pantopoden noch älter sein müssen und daß aus früheren Formationen die Funde von „zehnfüßigen“ Vorfahren der Gruppe zu erwarten sind!

Wenn weiter die Annahme richtig sein sollte, daß Pantopoda mit dem Stamm der Arachnoidea auf eine gemeinsame Wurzel

---

[1]) Dorn A., Pantopoda. Monographie III „in Fauna und Flora des Golfes von Neapel und der angrenzenden Meeresabschnitte“, hsgg. v. d. zoolog. Station zu Neapel. 3. Monographie Leipzig. W. Engelmann. 1881. S. 1.

[2]) Meisenheimer J., Abschnitt: Pantopoda im Handwörterbuch der Naturwissenschaften. VII. Band. Jena. Gustav Fischer 1912. S. 494.

zurückgehen sollen, so müssen die Anfänge beider Gruppen, nachdem bereits Skorpione im oberen Silur und Angehörige verschiedener anderer Spinnenordnungen im Devon sich zeigen, weit früher, wahrscheinlich schon in vorcambrische Zeiten fallen.

Die der vorliegenden Arbeit beigegebenen Photographien verdanke ich Herrn Konservator Dr. J. Schröder; ich möchte ihm auch an dieser Stelle meinen herzlichsten Dank zum Ausdruck bringen.

Erklärung der Tafeln.

Tafel I.

Nahecaris Stürtzi Jkl. Unterdevonische Dachschiefer. Bundenbach im Hunsrück. Nat. Größe. Vgl. Textfigur.

Tafel II.

Desgl. von dem nämlichen Fundort. Nat. Größe. Dieses Exemplar zeigt außer der Antennula und der Antenne sehr gut das Velum mit der Skulptur seines Randsaumes, ferner die Skulptur auf den Segmenten des Abdomens.

Tafel III.

Von dem gleichen Fundort. Nat. Größe. In Seitenlage mit zusammengeschobenem Velum, mit Antennula, Antenne und Pleopoden.

Tafel IV.

Die Antennula und die Antenne des auf Tafel III dargestellten Tieres mit erhaltenem Borstenbesatz. Vergrößert.

Tafel V.

Palaeopantopus Maucheri gen. et spec. nov. Unterdevonische Dachschiefer. Bundenbach im Hunsrück. Nat. Größe. Vgl. Textfigur!

Alle Tafeln ohne Retusche mit Ausnahme der Vergrößerung auf Tafel IV, wo nur die auf der Photographie deutlich zu sehenden Borsten schwach nachretuschiert wurden, während sie auf Tafel III mit Benützung eines Leseglases in natürlicher Beschaffenheit wohl zu erkennen sind.

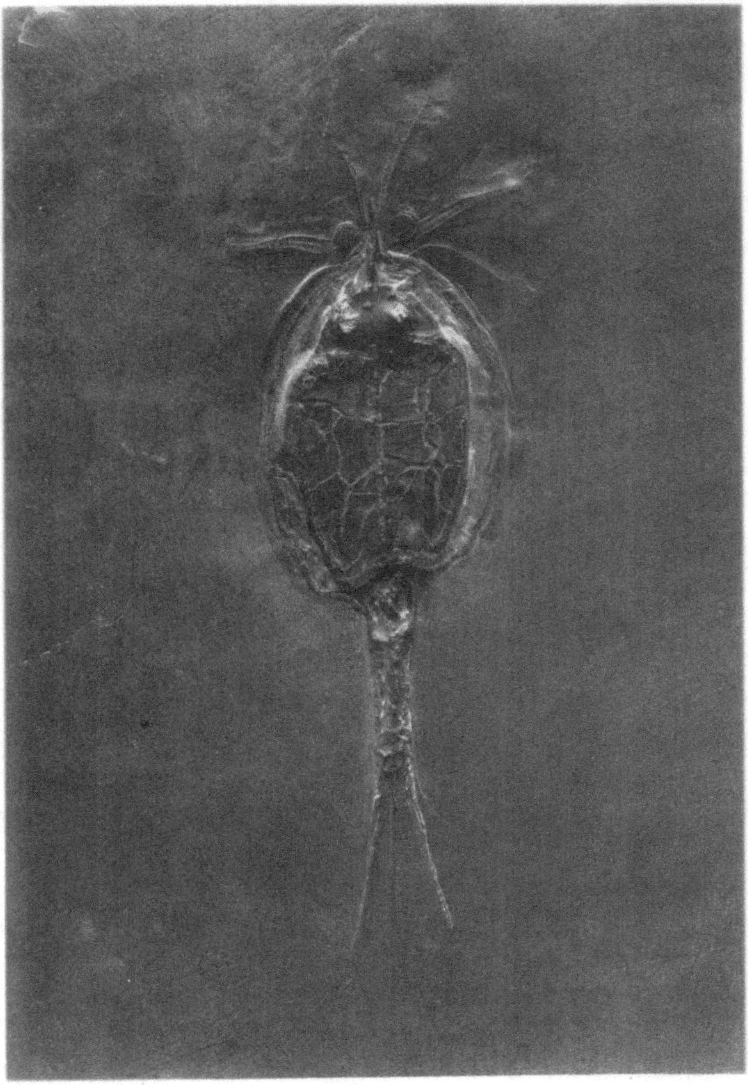

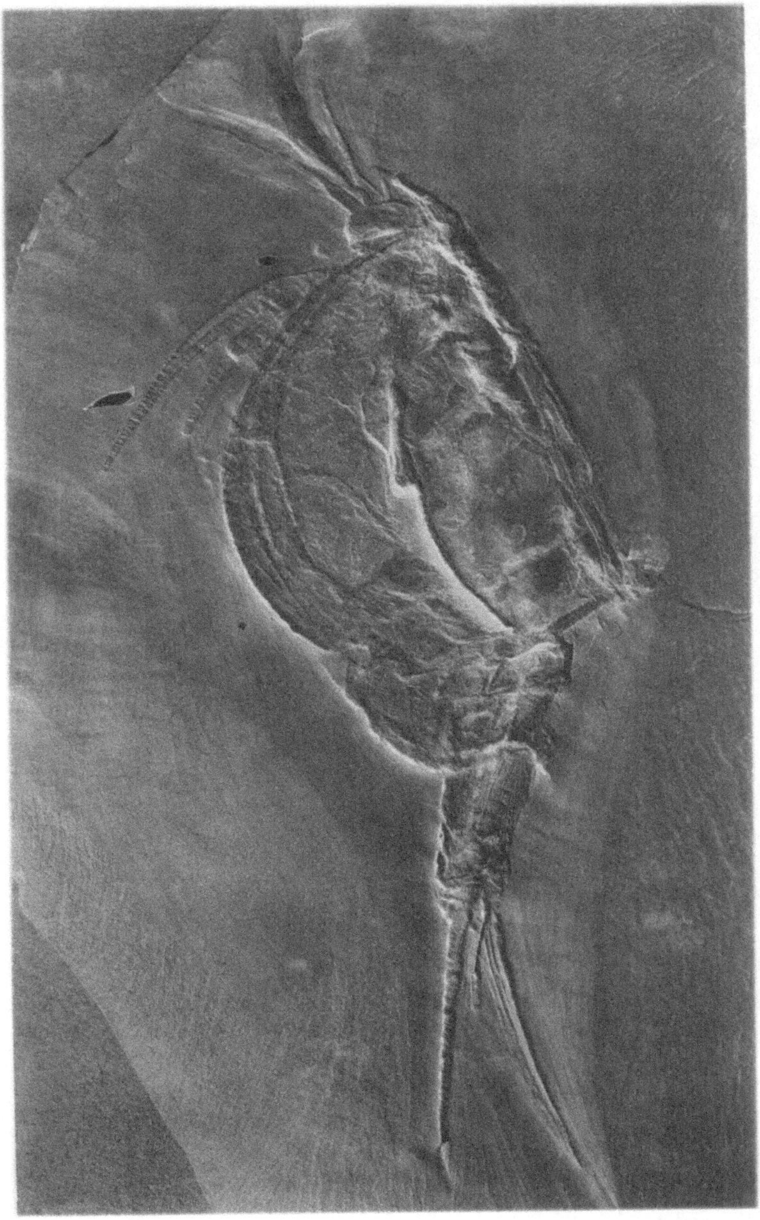

 J. B. Obernetter, München

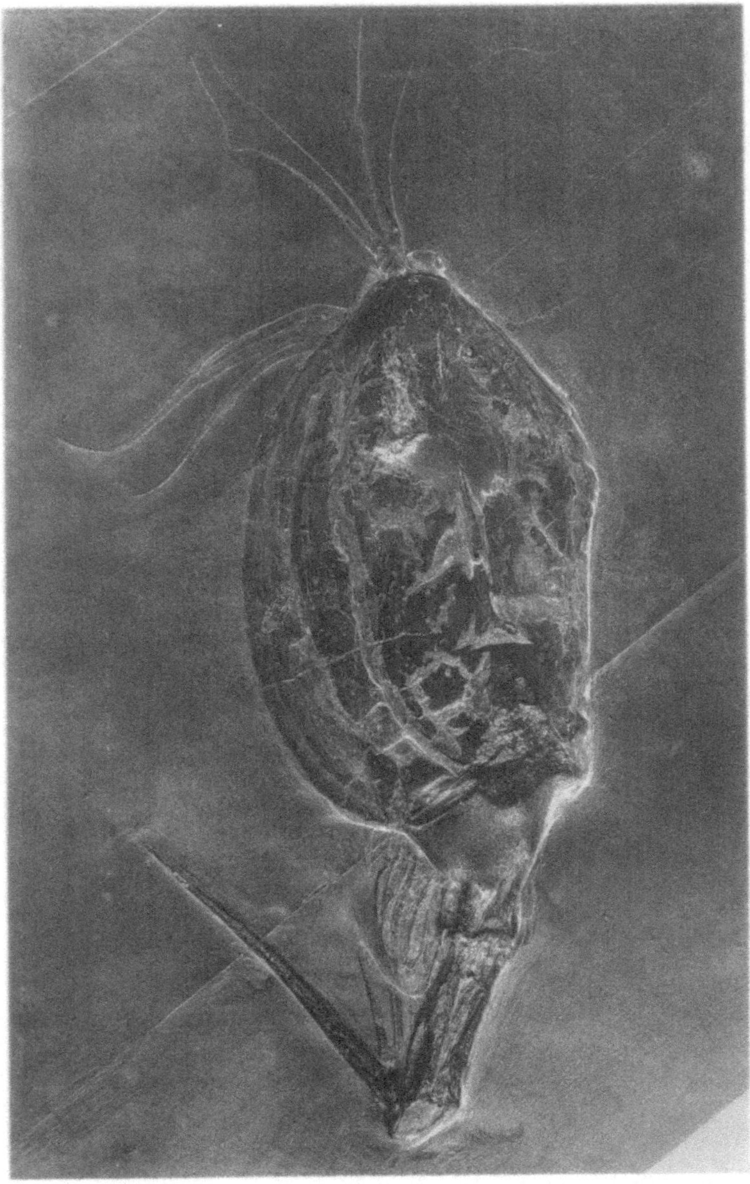

 J. B. Obernetter, München

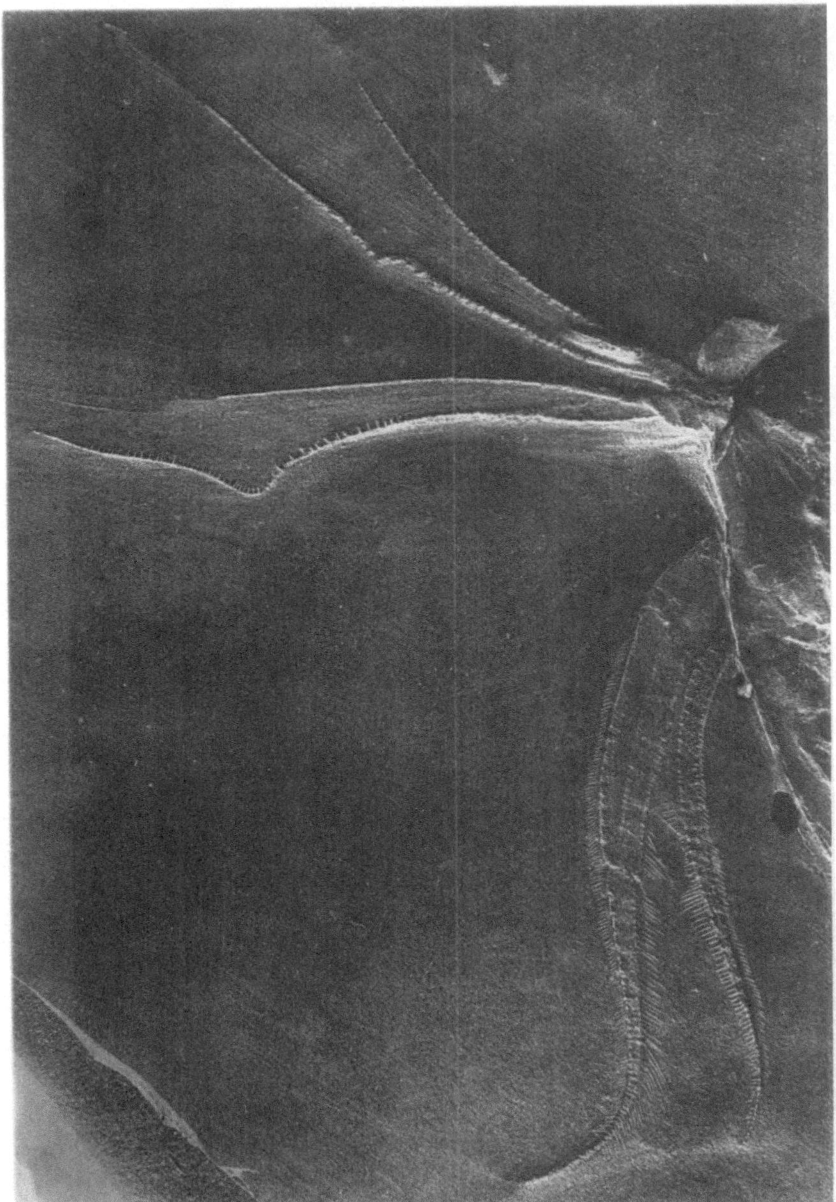

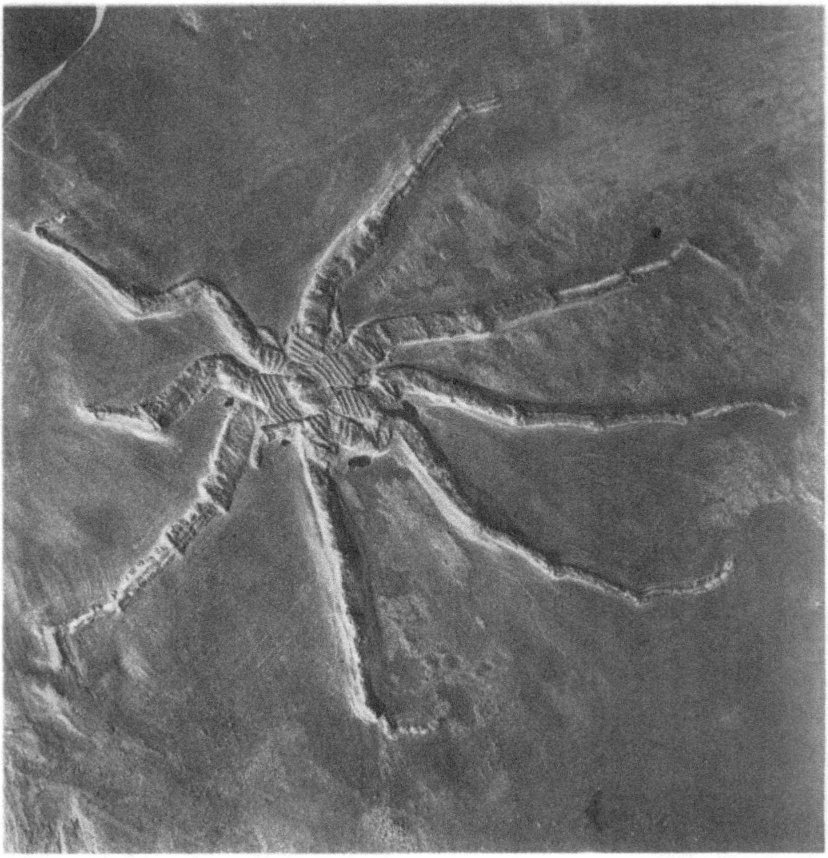

Kritisch-historische Bemerkungen zur Funktionentheorie.

Von **Alfred Pringsheim.**

Vorgetragen in der Sitzung am 9. November 1929.

III. Über einen Mittag-Lefflerschen Beweis des Cauchyschen Integralsatzes und einen damit zielverwandten des Herrn Lichtenstein.

(Nebst zwei Nachträgen zu Nr. I und II.)

1. Im 39. Bande der *Acta mathematica* findet sich unter dem Titel „*Die ersten 40 Jahre des Lebens von Weierstraß*“ der Abdruck eines Vortrages, den Mittag-Leffler im Jahre 1916 in Stockholm auf dem 4. skandinavischen Mathematiker-Kongreß gehalten hat. Der betreffende Band der *Acta*, der bei Einhaltung der üblichen Anordnung etwa 1917/18 hätte erscheinen müssen, wurde infolge besonderer Umstände erst (nach dem 43ten) im Jahre 1923 herausgebracht, und der Inhalt des obigen Vortrages, nach lediglich flüchtiger Durchsicht bei seinem Erscheinen, erst gegen Anfang 1925 einer genaueren Prüfung von mir unterzogen. Erst da entdeckte ich in einem längeren Exkurs, der sich mit dem Cauchyschen Integralsatz beschäftigt, zu meiner großen Überraschung die folgende Stelle[1]):

„Man kann auch kaum einer Äußerung von Pringsheim[2]) zustimmen:

„„Denn wenn auch derselbe erst durch Riemanns Darstellung allgemeine Verbreitung gefunden hat, so läßt sich doch mit unbestreitbarer Sicherheit nachweisen, daß Cauchy bereits fünf Jahre vor dem Erscheinen der Riemannschen Disser-

[1]) A. a. O. S. 33.

[2]) „*Über den Cauchyschen Integralsatz.*“ Dieser Berichte Bd. 25 (1895), S. 43/6.

tation ihn nicht nur gekannt, sondern in der Hauptsache auch publiziert hat" "[1]*).*

Pringsheims Auffassung von Cauchys Priorität ist sicher ganz richtig, aber die Ansicht, daß der Satz erst durch Riemanns Darstellung allgemeine Verbreitung gefunden habe, kann nicht unwidersprochen bleiben."

Obschon das obige, meiner in Fußn. 2 S. 281 erwähnten Arbeit entnommene Zitat Wort für Wort mit dem Original übereinstimmt, so hat es doch dort, wo es hingehört, eine gänzlich verschiedene, der von Mittag-Leffler angenommenen geradezu entgegengesetzte Bedeutung, aus dem einfachen Grunde, weil das (oben durch den Druck hervorgehobene) „*derselbe*" sich gar nicht, wie Mittag-Leffler annimmt, auf den Cauchyschen *Satz* bezieht. Ich schrieb deshalb gegen Anfang Mai 1925 an Mittag-Leffler und erhielt umgehend ein vom 6. Mai 1925 datiertes, sehr liebenswürdiges Antwortschreiben, das mit den folgenden Worten beginnt:

> *„Ich bedauere sehr, daß ich, wenn ich die betreffende Stelle aus Ihrer Arbeit über den Cauchyschen Satz zitierte, das Wort „derselbe" ganz falsch verstanden habe. Mein Aufsatz wurde auf meinem kleinen Landgut in Darlekarlien geschrieben, wo ich die nötige Literatur nicht zur Hand hatte. Ich werde bei erster Gelegenheit, die hoffentlich schnell kommen wird, meinen Irrtum korrigieren."*

Da diese Gelegenheit sich nicht so schnell gefunden zu haben scheint und durch den 1927 erfolgten Tod Mittag-Lefflers endgültig erloschen ist, so möchte ich mir erlauben, das sinnentstellende Mißverständnis selbst zu berichtigen. An der fraglichen Stelle der von Mittag-Leffler zitierten Arbeit (a. a. O. S. 43) erwähne ich den bekannten *Beweis* des Cauchyschen Satzes mit Hilfe der Beziehung:

$$\int P\,dx + Q\,dy = \int\!\!\int \left(\frac{\partial Q}{\partial x} - \frac{\partial P}{\partial y}\right) dx\,dy$$

und fahre dann fort: Dieser Beweis ist ziemlich unverändert in

[1]) *„Pringsheim scheint hier nur an Cauchys Note vom 3. August 1846 zu denken, aber nicht an seine vorhergehenden Mitteilungen".*

fast alle einschlägigen *deutschen*[1]) Lehrbücher, aber auch in viele *ausländische*[2]) übergegangen und wird *ganz allgemein* ausdrücklich als der „Riemannsche" Beweis des Cauchyschen Satzes bezeichnet; wie mir scheint mit einigem Unrecht. Denn wenn auch *derselbe* (also der *Beweis*, nicht der *Satz*) ... u. s. f., wie das oben angeführte Zitat besagt. Ich reklamiere also diesen angeblich Riemannschen *Beweis* ausdrücklich für Cauchy, statt, wie Mittag-Leffler angibt, Riemann das besondere Verdienst zuzuschreiben, den Cauchyschen *Satz* erst in Deuschland verbreitet zu haben.

2. Die fraglichen Mittag-Lefflerschen Ausführungen über den Cauchyschen Satz enthalten noch verschiedene andere Irrtümer, deren wesentlichsten nebst einem später daran anknüpfenden ich bei dieser Gelegenheit richtig stellen möchte. Nach Erwähnung zweier Beweise von Malmsten und von M. Falk[3]) und des ursprünglichen Goursatschen Beweises[4]) vom Jahre 1884 heißt es a. a. O. auf S. 30:

„Auch ich hatte 11 Jahre früher einen Beweis veröffentlicht[5]*), der mir durchaus bindend erscheint und der von weniger Voraussetzungen ausgeht als die ersten Beweise. Weierstraß' Beweis*[6]*), wie auch die späteren Beweise von Malmsten und Falk setzen indessen voraus, daß die Funktion unter dem Integralzeichen in einem Gebiete einschließlich des Randes eine*

---

[1]) Vgl. z. B. die Lehrbücher über Funktionentheorie bzw. elliptische oder Abelsche Funktionen von Durège, Thomae, Königsberger, Neumann, sowie die Kompendien der Analysie von Schlömilch, Lipschitz, Harnack.

[2]) Z. B. Houël, Théorie élémentaire des quantités complexes; ebenso: Calcul infinitésimal, T. III. — Hermite, Cours d'Analyse (lithographié), éd. Andoyer. — Casorati, Teorica delle funzioni. — Auch die Kompendien der Analysis von Bertrand, Laurent, welche den fraglichen Beweis ausdrücklich als den Riemannschen anführen.

[3]) Vgl. dieser Berichte Bd. 25 (1895), S. 304, Fußn. 4.

[4]) Ebendas. Fußn. 2.

[5]) Berichte der Stockholmer Akademie 1873. — Deutsche Übersetzung: Göttinger Nachrichten. 1875.

[6]) Von 1840; s. Werke 1, S. 51/66.

stetige Ableitung hat oder daß $\left|\frac{f(z+h)-f(z)}{h}-f'(z)\right|$ *überall in diesem Bereich beliebig klein ist"* [1]).

Im Gegensatz zu der Mittag-Lefflerschen Behauptung hatte ich bereits in meiner von ihm oben zitierten Arbeit von 1895 (s. S. 281, Fußn. 2) darauf hingewiesen[2]), daß sein in den Göttinger Nachrichten von 1875 publizierter Beweis *ohne* Hinzunahme der Voraussetzung, daß $\left|\frac{f(z+h)-f(z)}{h}-f'(z)\right|$ mit $h \to 0$ *gleichmäßig* gegen Null konvergieren müsse, *hinfällig* wird. Auf diesen Einwurf kommt nun Mittag-Leffler in dem obigen an mich gerichteten Briefe mit folgenden Worten zurück:

„Meinerseits benütze ich die Gelegenheit, Ihre Aufmerksamkeit auf die Note 1, pag. 43[3]) *in demselben Aufsatz von Ihnen zu lenken, wo Sie von meinem Artikel in Göttinger Nachrichten 1875*[4]) *sprechen. Dieser ist leider eine sehr schlechte Übersetzung des schwedischen Originals von 1873*[5]). *Ich bin dadurch späterhin veranlaßt, eine treuere französische Ausgabe zu publizieren*[6]), *die ich hier beilege, da ich mich nicht erinnere, ob ich sie schon geschickt habe. Wie sie sehen werden, habe ich schon 1873 einen Beweis gegeben, der die Differenzierbarkeit nicht voraussetzt, aber andererseits sich nicht mit dem Goursatschen Beweis deckt."*

Um auf Grund dieser Mitteilung die angeführte Fußnote eventuell berichtigen zu können, ließ ich mir eigens von einem der deutschen Sprache kundigen schwedischen Mathematiker eine neue, vermutlich ausreichend zuverlässige Übersetzung des schwe-

---

1) Der nun folgende Satz: *„In Goursats Beweis fallen diese der Ableitung auferlegten Bedingungen fort"* — beruht auf einer Verwechslung des oben erwähnten ursprünglichen Goursatschen Beweises von 1884 mit dem durch das *„Lemma"* verbesserten von 1900.

2) A. a. O. S. 42, Fußn. 1.

3) Es müßte wie in der vorigen Fußnote heißen S. 42.

4) S. 65—73: „Beweis für den Cauchyschen Satz."

5) „Försök till et nytt bevis för en sats inom de definita integralernas teori." Svenska Vet. Akademiens Öfersökt 1873, Nr. 8. p. 35—41.

6) „Le théorème de Cauchy sur l'intégrale d'une fonction entre des limites imaginaires." 5. Kongreß der skandinavischen Mathematiker in Helsingfors 1922. Helsingfors 1923, S. 92—97.

dischen Originals von 1873 anfertigen. Von des letzteren Inhalt bietet die deutsche Ausgabe von 1875, wie die Vergleichung zeigte, ungefähr nur die erste Hälfte, aber damit in Wahrheit alles, worauf es ankommt und dieses mit ganz unerheblichen Abweichungen. Um nur die zwei wesentlichsten *beiden* Darstellungen gemeinsamen Merkmale anzuführen:

1) Als *Voraussetzung* für die Gültigkeit des Satzes erscheint (neben der Endlichkeit und Eindeutigkeit von $f(x)$) die *Existenz* einer eindeutigen und endlichen *Derivirten* $f'(x)$.

2) Dagegen *fehlt* gänzlich die Voraussetzung der *gleichmäßigen* Konvergenz gegen Null von $\left|\frac{f(x+h)-f(x)}{h}-f'(x)\right|$ bzw. von den Differenzen passend gewählter *Paare von Differenzenquotienten.*

In der von Mittag-Leffler erwähnten *französischen* Publikation von 1923[1]), sowie in der fast gleichzeitig erschienenen *deutschen* Übersetzung[2]) verhalten sich die Dinge genau *umgekehrt:* hier *fehlt* vollständig die obige Voraussetzung 1), wogegen die Voraussetzung 2) in der Form erscheint:

$$\left|\frac{f(\varrho_1 e^{\vartheta_1 i})-f(\varrho e^{\vartheta_1 i})}{(\varrho_1-\varrho)e^{\vartheta_1 i}}-\frac{f(\varrho e^{\vartheta_1 i})-f(\varrho e^{\vartheta i})}{\varrho(e^{\vartheta_1 i}-e^{\vartheta i})}\right|<\varepsilon \tag{1}$$

gleichmäßig für $|\varrho_1-\varrho|<\delta$, $|\vartheta_1-\vartheta|<\delta$, und für *alle* $z=\varrho e^{\vartheta i}$ des Bereiches $R_0\leqq\varrho\leqq R_1$, $0\leqq\vartheta<2\pi$. Dabei wird also nicht die *Existenz* und *Gleichheit* der *einzelnen* Differenzenquotienten, sondern lediglich das *gleichmäßige Verschwinden* ihrer *Differenzen* vorausgesetzt und daraus die *Konstanz*, bzw. im Falle $R_0=0$ das *Verschwinden* des Integrals $\int f(z)\,dz$, erstreckt über jeden der Kreise $|z|=\varrho$, wo: $R_0\leqq\varrho\leqq R_1$, hergeleitet.

Wie man nun aber mit der vorstehenden Gegenüberstellung der beiden Mittag-Lefflerschen Arbeiten von 1873 und 1923 seine unzweideutige, im ersten Absatz der (deutschen) Publikation von 1923 enthaltene Erklärung: es handle sich dabei *„um einen fast wörtlichen Bericht"* über jenen früheren Beweis, in Einklang bringen soll, dürfte nicht ganz leicht erscheinen[3]).

---

1) Siehe Fußn. 6, S. 284.

2) Journal f. Math. 152 (1923), S. 1—5.

3) Der Vollständigkeit halber als eine vereinfachende Abweichung untergeordneterer Art, welche die Publikationen von 1873/5 gegenüber den-

Immerhin wird man selbst bei flüchtiger Durchsicht des Beweisversuches von 1873 kaum übersehen, daß die Voraussetzung der Existenz von $f'(z)$ *ausschließlich* dazu dient, die *näherungsweise* Gleichheit der paarweise ausgewählten Differenzenquotienten zu sichern, somit ohne weiteres durch die Voraussetzung dieser letzteren *ersetzt* werden kann. Und man wird zweitens bei etwas genauerer Betrachtung leicht als *ausreichend* zur vollständigen Sicherung der an sich neuen und bemerkenswerten *Beweismethode* die Nachforderung erkennen, daß jene *Annäherung* der betreffenden Differenzenquotienten für den in Frage kommenden Bereich *gleichmäßig* zu erfolgen habe. Daß Mittag-Leffler 50 Jahre gebraucht haben sollte, um zu dieser zwiefachen Erkenntnis zu gelangen, bedarf wohl keiner ernstlichen Widerlegung. Andererseits darf man nicht vergessen, daß im Jahre 1873 der Begriff der *gleichmäßigen* Konvergenz und das Bewußtsein der Unentbehrlichkeit dieses Begriffes noch nicht im entferntesten Gemeingut der Mathematiker geworden war[1]). Hielt doch Weierstraß, dessen Arbeiten und Vorlesungen in erster Linie zur vollständigen Einbürgerung jenes Begriffes beigetragen haben, noch im Jahre 1880 es für notwendig, in einer Fußnote seiner grundlegenden Arbeit „Zur Funktionenlehre"[2]) ausführlich zu erklären, was man unter der *gleichmäßigen* Konvergenz einer Reihe rationaler Funktionen zu verstehen habe. Verbindet man nun mit der zuvor genannten Jahreszahl 1873 die Tatsache, daß Mittag-Leffler im Wintersemester 1874/75 zum ersten Male bei Weierstraß eine Vorlesung (über elliptische Funktionen) hörte und daß er dann sehr bald aufs engste an die Weierstraßsche Richtung sich anschließend deren strenge Methoden sich vollständig zu eigen machte, so wird er das, was seinem obigen in der Hauptsache ja fertigen und durchaus eigenartigen Beweise des Cauchyschen

---

jenigen von 1923 aufweisen, sei erwähnt, daß hier ein System konzentrischer Kreise an die Stelle der dort benützten Schar ineinander geschachtelter ähnlichen Kurven allgemeineren Charakters getreten ist.

[1]) Man vergleiche z. B. den Beweis des Cauchyschen Satzes bei *Briot et Bouquet*, Théorie des fonctions elliptiques, 1875, p. 128—132, ja sogar in der ersten Auflage von Camille Jordan, Cours d'analyse, 1888, p. 275.

[2]) Berliner Monatsber., 6. August 1880, abgedruckt in den „Abhandlungen aus der Funktionenlehre", 1886, S. 70 = Werk 2, S. 202.

Satzes zur Vollkommenheit noch fehlte, sich schon damals ohne jede Schwierigkeit ergänzt haben. Und ich denke, man kann ihm, ohne der historischen Wahrheit im geringsten zu nahe zu treten, das Verdienst nicht absprechen, als *erster* die Idee eines Beweises des Cauchyschen Satzes *ohne* Voraussetzung der *Derivirten-Existenz* konzipirt und mit Erfolg durchgeführt zu haben. Nur wenn man sich (wie mir scheint, mit Unrecht) rigoros an das Publikationsjahr 1923 jenes verbesserten Beweises halten wollte, so müßte man freilich sagen, daß dieser Erfolg damals durch eine schon 13 Jahre früher veröffentlichte Arbeit des Herrn Leon Lichtenstein[1]) nicht nur zeitlich, sondern auch inhaltlich überholt war.

3. In dieser Arbeit wird der Cauchysche Integralsatz mit seiner bekannten Vorstufe, dem Cauchyschen Satz über das Integral eines zweigliedrigen *reellen* Differentials unter einer, der zuletzt besprochenen Mittag-Lefflerschen analogen Voraussetzung bewiesen und zwar zunächst, wie dort, unter der Einschränkung, daß jene Voraussetzung in geeignetem Umfange *gleichmäßig* erfüllt sei (a. a. O., Nr. 1, 2), sodann aber — und das ist das überraschend neue — *ohne* diese Einschränkung (a. a. O., Nr. 3). Dabei ist der fragliche Beweis prinzipiell äußerst einfach: er beruht auf einer scheinbar sehr nahe liegenden und dennoch äußerst glücklich erdachten Erweiterung der zuvor für Cauchy reklamierten Beweismethode mit dem *Doppelintegral*, also der (rückwärts zu lesenden) gewöhnlich nicht recht passend[2]) als Greenscher Satz bezeichneten Formel:

$$(2)\quad \iint_T \left(\frac{\partial Q(x,y)}{\partial x} - \frac{\partial P(x,y)}{\partial y}\right) dx\, dy = \int_{C_+} P(x,y)\, dx + Q(x,y)\, dy,$$

die durch die neueren Beweise, insbesondere den in gewissem Sinne endgültigen Goursatschen stark in den Hintergrund gedrängt, nun wieder zu neuen Ehren gelangt.

[1]) Über einige Integrabilitätsbedingungen zweigliedriger Differentialausdrücke mit einer Anwendung auf den Cauchyschen Integralsatz. Sitz.-Ber. Math. Ges. Berlin, Jahrg. IX, 4. Stück (22. Juni 1910), S. 84—100.

[2]) S. z. B. den Voßschen Artikel über Differential- und Integralrechnung in der Enzyklopädie II A, 2: Nr. 45, 47 (S. 113/5).

Dabei bedeutet T einen von einer einfach geschlossenen (im allgemeinsten Falle rektifizierbaren Jordanschen) Kurve C begrenzten Bereich, über welchen das Doppelintegral auszudehnen ist, während das einfache sich in positiver Richtung über die Begrenzung C zu erstrecken hat. Ferner sind $P(xy)$, $Q(xy)$ in T einschließlich des Randes eindeutige und *stetige* Funktionen (der *reellen* Veränderlichen x, y), welche überdies die in T eindeutigen und *stetigen*[1]) partiellen Ableitungen $\frac{\partial P(xy)}{\partial y}$, $\frac{\partial Q(xy)}{\partial x}$ besitzen.

Setzt man nach Annahme von $\delta < 0$, wie üblich:

$$(3) \qquad \begin{cases} Q(x+\delta, y) - Q(x, y) = \Delta_x Q(x, y) \\ P(x, y+\delta) - P(x, y) = \Delta_y P(x, y), \end{cases}$$

so läßt sich Gl. (2) in die Form setzen:

$$(2\text{a}) \quad \iint\limits_T \lim_{\delta \to 0} \frac{1}{\delta}(\Delta_x Q(x, y) - \Delta_y P(x, y)) = \int\limits_{C_+} P(x, y)\, dx + Q(x, y)\, dy$$

mit dem ausdrücklichen Zusatz, daß die Grenzwerte:

$$(4) \qquad \lim_{\delta \to 0} \frac{1}{\delta} \Delta_x Q(x, y), \qquad \lim_{\delta \to 0} \frac{1}{\delta} \Delta_y P(x, y)$$

einzeln existieren und in T *stetig* sind.

Es handelt sich nun darum, die Gültigkeit der Formel (2a) auf den Fall auszudehnen, daß nur die *Existenz des folgenden Grenzwerts:*

$$(5) \qquad \lim_{\delta \to 0} \frac{1}{\delta}(\Delta_x Q(x, y) - \Delta_y P(x, y)) = U(x, y)$$

als einer *in T stetigen Funktion* von x, y feststeht.

Das *wesentliche* von Herrn Lichtenstein zur Erreichung dieses Zieles angewendete Hilfsmittel besteht darin, daß er zunächst an Stelle der Formel (2) bzw. (2a) eine analoge herleitet, bei welcher auf der linken Seite die *Reihenfolge* der Differentiation

---

[1]) Wie ich bei früherer Gelegenheit gezeigt habe, s. dieser Berichte Bd. 29 (1899), S. 52/5, genügt für die Gültigkeit der Formel (2) die *Beschränktheit* von $\frac{\partial P}{\partial y}$, $\frac{\partial Q}{\partial x}$ in T und die *Existenz* der *Doppel*integrale $\iint \frac{\partial Q}{\partial x}\, dx\, dy$, $\iint \frac{\partial P}{\partial y}\, dx\, dy$.

(also des Grenzüberganges $\delta \to 0$) und der Integration *vertauscht* erscheint, also die Beziehung:

$$(A)\quad \lim_{\delta \to 0} \frac{1}{\delta} \iint_T (\Delta_x Q(x,y) - \Delta_y P(x,y))\, dx\, dy = \int_{C_+} P(x,y)\, dx + Q(x,y)\, dy.$$

Um dann diese Vertauschung wieder *rückgängig* zu machen und auf diese Weise eine direkte *Verallgemeinerung* der „Greenschen" Formel (2) zu gewinnen, also eine Beziehung, die genau das Aussehen von Gl. (2a) besitzt, aber *ohne den Zusatz (4)*, an dessen Stelle lediglich der oben *an den Ausdruck (5) geknüpfte* zu treten hat, genügt die Berufung auf einen im wesentlichen *bereits bekannten* Satz von der Form:

$$(B)\quad \lim_{\delta \to 0} \iint_T U(x, y, \delta)\, dx\, dy = \iint_T \lim_{\delta \to 0} U(x, y, \delta)\, dx\, dy,$$

der also im vorliegenden Falle lauten wird:

$$(6)\quad \begin{aligned} &\lim_{\delta \to 0} \frac{1}{\delta} \iint_T (\Delta_x Q(x, y) - \Delta_y P(x, y))\, dx\, dy \\ &= \iint_T \lim_{\delta \to 0} \frac{1}{\delta} (\Delta_x Q(x, y) - \Delta_y P(x, y))\, dx\, dy \end{aligned}$$

und durch Kombination mit Satz (A) die gewünschte Beziehung (2a) *ohne die Forderung (4)* ergibt.

Die folgenden Bemerkungen haben lediglich den Zweck, auf die Möglichkeit gewisser Vereinfachungen beim Beweise der beiden Sätze (A) und (B) hinzuweisen.

4. Herr Lichtenstein beweist (a. a. O. S. 90/1) den Satz (A) unter der Voraussetzung, daß der bisher mit T bezeichnete Bereich sich auf ein *Dreieck* reduziert, eine nicht nur ausreichende, sondern auch besonders zweckmäßige Annahme für die schließliche Übertragung des Ergebnisses auf den Fall eines von einer beliebigen rektifizierbaren Jordanschen Kurve begrenzten Bereiches. Ich selbst habe mich bei früheren Gelegenheiten[1]) ausdrücklich für die Bevorzugung dieser Beweisform, insbesondere auch gegenüber derjenigen auf der Grundlage eines zu den Koordinatenaxen parallel gestellten *Rechtecks* eingesetzt. Das schließt indessen nicht

[1]) Americ. Math. Soc. Transact. 2 (1901), p. 417/21. — Dieser Berichte Bd. 23 (1904), S. 674/5.

aus, daß man sich gelegentlich dieser letzteren Methode bedient, wenn dadurch eine erhebliche Vereinfachung und entsprechende Erhöhung der Durchsichtigkeit erzielt wird, was mir in dem vorliegenden Falle besonders zuzutreffen scheint. Um dies durch den Augenschein zu bestätigen, möchte ich die obige, wie ich zugebe, reichlich triviale Abänderungsmöglichkeit hier durchführen, indem ich den oben mit (A) bezeichneten Satz jetzt folgendermaßen formuliere und beweise:

Sind $P(x, y)$, $Q(x, y)$ eindeutig und stetig in einem gewissen Bereiche T und bedeutet R ein im Innern von T parallel zu den Koordinatenaxen gelegenes Rechteck, so gilt die Beziehung:

$$(A')\qquad \begin{aligned} &\lim_{\delta\to 0}\frac{1}{\delta}\iint\limits_{[R]}(\Delta_x Q(x,y)-\Delta_y P(x,y))\,dx\,dy \\ &=\int\limits_{R_+} P(x,y)\,dx+Q(x,y)\,dy, \end{aligned}$$

wo $[R]$ die Fläche, R_+ den in positiver Richtung zu durchlaufenden Umfang des Rechtecks bedeutet.

Beweis: Sind (x_0, y_0), (x_1, y_1) die äußersten Eckpunkte des Rechtecks, so hat man:

$$\begin{aligned} \iint\limits_{[R]}\Delta_x Q(x,y)\,dx\,dy &= \iint\limits_{[R]} Q(x+\delta,y)\,dx\,dy-\iint\limits_{[R]} Q(x,y)\,dx\,dy \\ &= \int_{y_0}^{y_1}dy\int_{x_0}^{x_1}Q(x+\delta,y)\,dx-\int_{y_0}^{y_1}dy\int_{x_0}^{x_1}Q(x,y)\,dx \end{aligned}$$

und wegen $\int_{x_0}^{x_1}Q(x+\delta,y)\,dx=\int_{x_0+\delta}^{x_1+\delta}Q(x,y)\,dx$:

$$\begin{aligned} \iint\limits_{[R]}\Delta_x Q(x,y)\,dx\,dy &= \int_{y_0}^{y_1}dy\int_{x_1}^{x_1+\delta}Q(x,y)\,dx-\int_{y_0}^{y_1}dy\int_{x_0}^{x_0+\delta}Q(x,y)\,dx \\ &= \int_{y_0}^{y_1}dy\int_0^{\delta}Q(x_1+x,y)\,dx-\int_{y_0}^{y_1}dy\int_0^{\delta}Q(x_0+x,y)\,dx, \end{aligned}$$

also durch Anwendung des ersten Mittelwertsatzes auf die inneren Integrale:

$$\iint\limits_{[R]}\Delta_x Q(x,y)\,dx\,dy=\delta\int_{y_0}^{y_1}Q(x_1+\vartheta_1\delta,y)\,dy-\delta\int_{y_0}^{y_1}Q(x_0+\vartheta_0\delta,y)\,dy,$$

$$\text{wo: } 0<\begin{Bmatrix}\vartheta_0\\ \vartheta_1\end{Bmatrix}<1.$$

Hieraus durch Multiplikation mit $\frac{1}{\delta}$ und Übergang zu $\delta \to 0$ (bei gleichzeitiger Vertauschung der Grenzen in dem zweiten Integrale und Berücksichtigung des Umstandes, daß die Integranden *stetige* Funktionen von δ):

$$(7) \quad \lim_{\delta \to 0} \frac{1}{\delta} \iint_{[R]} \Delta_x Q(x, y)\, dx\, dy = \int_{y_0}^{y_1} Q(x_1, y)\, dy + \int_{y_1}^{y_0} Q(x_0, y)\, dy.$$

Die beiden Integrale rechts sind die Werte des Integrals $\int Q(x, y)\, dy$ erstreckt über die beiden Vertikalseiten von R, das erste von unten nach oben, das zweite in entgegengesetzter Richtung. Addiert man dazu die in passender Richtung über die Horizontalseiten von R erstreckten, wegen $y =$ const. *verschwindenden* Integrale, so geht Gl. (7) in die folgende über:

$$(7\,\text{a}) \qquad \lim_{\delta \to 0} \frac{1}{\delta} \iint_{[R]} \Delta_x Q(x, y)\, dx\, dy = \int_{R_+} Q(x, y)\, dy.$$

Vertauscht man jetzt Q mit P und entsprechend $(x + \delta, y)$ mit $(x, y + \delta)$, so folgt, wie aus der Analogie mit Gl. (7) bzw. (7a) hervorgeht:

$$(8) \quad \begin{aligned} \lim_{\delta \to 0} \frac{1}{\delta} \iint_{[R]} \Delta_y P(x, y)\, dx\, dy &= \int_{x_0}^{x_1} P(x, y_0)\, dx + \int_{x_1}^{x_0} P(x, y_0)\, dx \\ &= -\Big(\int_{x_0}^{x_1} P(x, y_0)\, dx + \int_{x_1}^{x_0} P(x, y_1)\, dx\Big) \end{aligned}$$

$$(8\,\text{a}) \qquad = - \int_{R_+} P(x, y)\, dx$$

und, wenn man die letzte Gleichung von Gl. (7a) subtrahiert, schließlich wie behauptet:

$$(A') \quad \lim_{\delta \to 0} \iint_{[R]} (\Delta_x Q(x,y) - \Delta_y P(x,y))\, dx\, dy = \int_{R_+} P(x,y)\, dx + Q(x,y)\, dy.$$

5. Der vorstehende Satz gestattet zunächst die folgende nützliche Anwendung. Angenommen, es stehe fest, daß:

$$\lim_{\delta \to 0} \frac{1}{\delta} (\Delta_x Q(x, y) - \Delta_y P(x, y)) = 0$$

und zwar *gleichmäßig* für alle (x, y) im Innern und auf dem Rande von R, sodaß also in diesem Umfange zu beliebig kleinen $\varepsilon > 0$:

$$\left| \frac{1}{\delta} (\Delta_x Q(x, y) - \Delta_y P(x, y)) \right| < \varepsilon \quad \text{etwa für} \quad \delta < \delta_\varepsilon .$$

Alsdann findet man:

$$\left| \frac{1}{\delta} \iint\limits_{[R]} (\Delta_x Q(x, y) - \Delta_y P(x y)) \, dx \, dy \right| < \varepsilon \iint\limits_{[R]} dx \, dy = \varepsilon \cdot [R],$$

somit:

$$\lim_{\delta \to 0} \frac{1}{\delta} \iint\limits_{[R]} (\Delta_x Q(x, y) - \Delta_y P(x, y) \, dx \, dy = 0.$$

und daher nach Satz (A') der vorigen Nummer:

$$\int\limits_{R_+} P(x, y) \, dx + Q(x, y) \, dy = 0,$$

d. h. es ergibt sich auf diese Weise, *ohne* den Weg über den *allgemeinen* Satz (B) zu nehmen, der am Anfang unserer Nr. 3 bereits erwähnte, von Herrn Lichtenstein in seiner Nr. 1 separat bewiesene *Spezialsatz* für das Integral eines zweigliedrigen reellen Differentials. Daraus läßt sich (genau, wie dort unter Nr. 2 gezeigt wird, auf Grund der Tatsache, daß der Satz (A') und die soeben daraus gezogene Folgerung gültig bleibt, wenn man unter $P(x, y)$, $Q(x, y)$ *komplexe* Funktionen der reellen Veränderlichen x, y versteht) vermittelst der Substitution: $x + yi = z$, $P(x, y) = f(z)$, $Q(x, y) = i \cdot f(z)$ und den daraus resultierenden Beziehungen:

$$\Delta_x Q(x, y) - \Delta_y P(x, y) = i \, \Delta_x f(z) - \Delta_y f(z),$$
$$\text{wo} \begin{cases} \Delta_x f(z) = f(z + \delta) - f(z) \\ \Delta_y f(z) = f(z + i\delta) - f(z), \end{cases}$$

erschließen, daß:

$$\int\limits_{R_+} f(z) \, dz = 0,$$

wenn *gleichmäßig* in R:

$$\lim_{\delta \to 0} \frac{1}{\delta} (i \, \Delta_x f(z) - \Delta_y f(z)) = 0,$$

also der Cauchysche Integralsatz *ohne* Voraussetzung der *Differenzierbarkeit* von $f(z)$ — ein Ergebnis, das sich genau mit demjenigen deckt, dessen Priorität oben Mittag-Leffler zugeschrieben wurde (abgesehen von dem prinzipiell nicht ins Gewicht fallenden Unterschiede, daß dort die Differenzenquotienten in Bezug auf ϱ und $e^{\vartheta i}$, also radial und längs einer Kreisbahn[1]), hier in Bezug auf x und y, also geradlinig in zwei zueinander senkrechten Richtungen gebildet werden).

6. Der am Ende von Nr. 4 angeführte, mit (B) bezeichnete Satz kann zunächst, wenn wir mit δ_n $(n = 1, 2, 3, \ldots)$ irgendeine und zwar jede beliebige monoton der *Null* zustrebende Folge positiver Zahlen bezeichnen und zugleich wieder als Bereich T das Rechteck $[R]$ wählen, in die Form gesetzt werden:

$$\lim_{n \to \infty} \iint_{[R]} U(x, y, \delta_n)\, dx\, dy = \iint_{[R]} \lim_{n \to \infty} U(x, y, \delta_n)\, dx\, dy$$

und geht durch Einführung der Bezeichnung:

$$U(x, y, \delta_n) = U_n(x, y)$$

in den folgenden über:

$$\lim_{n \to \infty} \iint_{[R]} U_n(x, y)\, dx\, dy = \iint_{[R]} \lim_{n \to \infty} U_n(x, y)\, dx\, dy.$$

Bezüglich der Gültigkeit dieser Beziehung unter der Voraussetzung, daß sowohl jedes einzelne $U_n(x, y)$, als auch $\lim\limits_{n \to \infty} U_n(x, y) = U(x, y)$ in $[R]$ (einschließlich des Randes) *stetig* und die *Folge* der $U_n(x, y)$ daselbst *beschränkt*[2]) ist, beruft sich Herr Lichtenstein auf den von Herrn Osgood[3]) unter analogen Voraus-

[1]) Übrigens habe ich ein mit dem Mittag-Lefflerschen äquivalentes Ergebnis im Anschluß an meine Mittelwertmethode bereits 1895 einwandfrei hergeleitet. Allerdings wird dabei die *gleichmäßige Differenzierbarkeit* von $f(z)$ vorausgesetzt: dies geschieht aber nur, um die Funktionsklasse, für welche das Resultat gelten soll, mit einem kurzen Schlagwort charakterisieren zu können. *Benützt* wird von dieser Voraussetzung ausschließlich eine *Ungleichung*, wie sie hier auf S. 285 mit (1) bezeichnet wurde: Math. Ann. 47 (1896), S. 146, die Ungleichung hinter Ungl. (7). (Vgl. auch meine „Vorlesungen über Funktionenlehre" S. 382, Ungl. (5).)

[2]) Ich verstehe hierunter dasjenige, was leider die meisten Mathematiker wenig passend als „gleichmäßig" beschränkt bezeichnen. (Vgl. meine „Vorlesungen über Funktionenlehre", S. 294, Fußnote.)

[3]) „Non uniform convergence and the integration of series term by term." Americ. Journ. of Math. 19 (1897), p. 155–190. — Übrigens ist der betreffende Satz, wie Herr von Pidoll bemerkt hat (Math. Zeitschr. 8 [1920],

setzungen für *einfache* Integrale von Funktionen *einer* reellen Veränderlichen bewiesenen Satz:

$$(C) \qquad \lim_{n\to\infty} \int_{x_0}^{x_1} U_n(x)\,dx = \int_{x_0}^{x_1} \lim_{n\to\infty} U_n(x)\,dx$$

und dessen Übertragbarkeit auf den vorliegenden Fall. Da der Beweis (a. a. O. S. 173—182) ziemlich umfangreich und kaum verständlich ist ohne das Studium eines ansehnlichen Teils der vorhergehenden Auseinandersetzungen (S. 155—173), so erscheint es vielleicht nicht überflüssig, darauf hinzuweisen, daß in der Zwischenzeit wesentlich einfachere und kürzere Beweise des Satzes (C) erschienen sind, der kürzeste, sogar noch unter etwas erweiterten (in dem vorliegenden Zusammenhange übrigens nicht in Betracht kommenden) Voraussetzungen (*Integrierbarkeit* statt *Stetigkeit* von $U_n(x)$, $U(x)$) von Herrn Landau[1]), mit folgendem Wortlaut:

Wenn die $f_n(x)$ eine in $a \leqq x \leqq b$ gleichmäßig beschränkte Folge von Funktionen sind, für welche der $\lim f_n(x) = f(x)$ existiert, und wenn sowohl die $f_n(x)$ als auch $f(x)$ von a bis b im Riemannschen Sinne integrabel sind, so gilt:

$$\int_a^b f(x)\,dx = \lim_{n\to\infty} \int_a^b f_n(x)\,dx.$$

Herr Landau beruft sich dabei auf einen schon 1885 von Arzelà bewiesenen Satz[2]). Einen wesentlich einfacheren und kürzeren Beweis dieses für den obigen Integralbeweis grundlegenden Hilfssatzes (bei Arzelà ausdrücklich als „Lemma fondamentale" bezeichnet) hat Herr Hartogs gegeben[3]), und zwar formuliert er den letzteren folgendermaßen:

„Es sei S eine endliche geradlinige Strecke, und es mögen $S_1, S_2, \ldots$ Teile von S bedeuten, deren jeder aus einer end-

---

S. 209, Fußnote), schon viel früher von Arzelà und zwar einschließlich der späteren Landauschen Verallgemeinerung (s. unten) bewiesen worden: Rendic. Accad. Lincei (4) 1 [1885], p. 532—540.

1) Math. Zeitschr. 2 (1918) S. 350/1.

2) Rend. Acc. Lincei (4) 1, p. 262—267, auch: Mem. Acc. Bologna (1899), p. 130—134.

3) Gratulationsschrift zum 50jährigen Doktorjubiläum von Hermann Amandus Schwarz, S. 55—57.

lichen Anzahl einander nicht überdeckender Teilstrecken von S besteht. (Die Endpunkte jeder einzelnen Teilstrecke dürfen nach Belieben als zu S gehörig oder nicht gehörig betrachtet werden.) Gibt es alsdann keinen Punkt, welcher unendlich vielen S_ν angehört, so konvergiert die Gesamtlänge l_ν von S_ν mit wachsendem ν gegen 0.

Herr Hartogs fügt hinzu (was ja für den hier vorliegenden Zusammenhang nicht unwesentlich erscheint), daß sein Beweis unmittelbar auf den Fall von *mehr als einer Dimension* übertragbar sei: es habe dann z. B. ein *Rechteck*, S_1, S_2, . . . Teile von S zu bedeuten, deren jeder aus einer endlichen Zahl einander nicht überdeckender Teilrechtecke von S besteht, mit Seiten, welche denen von S parallel sind.

Nachtrag zu Nr. I dieser Bemerkungen[1]).

In meiner Polemik gegen die überhandnehmende Gepflogenheit, beliebige Sätze schlagwortartig mit dem Namen ihrer präsumtiven Entdecker zu kennzeichnen, habe ich in der Meinung, damit ein recht drastisches Beispiel einer verfehlten Satztaufe zu geben, den sowohl in Herrn Bieberbachs Enzyklopädie-Artikel[2]), als auch im zweiten Bande seiner „Funktionentheorie“[3]) in großer Aufmachung auftretenden *„Satz von Wigert“* angeführt[4]). Da ich den mir längst bekannten Satz aus ganz anderer Quelle bezogen hatte (wovon weiter unten noch die Rede sein wird), anderseits der Name Wigert mir bisher fremd geblieben war, so hatte ich versucht, bei meinen verschiedenen, literarisch sehr bewanderten Kollegen irgendwelche nähere Auskunft über dessen Träger zu erhalten, und da sich dies als völlig vergeblich erwies, so ließ ich mich in dem obigen Zusammenhang zu der unvorsichtigen Äußerung verleiten: „Wigert? Bisher ein in den weitesten Kreisen unbekannter Name!“

---

[1]) Jahrgang 1928, S. 343—358.

[2]) II C 4, S. 467.

[3]) S. 258, § 3.

[4]) A. a. O., S. 350, Fußn. 2.

Dem gegenüber teilte mir Herr Landau mit, daß er und die Autoritäten der in Betracht kommenden Gebiete die Wigertschen Arbeiten in der Analysis und analytischen Zahlentheorie seit mehreren Jahrzehnten außerordentlich hoch schätzen, und führte zur Bekräftigung dieser Aussage zwei Zitate aus Arbeiten von Herrn Hardy an, in denen dieser mit hoher Anerkennung von den durch Wigerts Arbeiten empfangenen Anregungen spricht. Des weiteren verdanke ich Herrn Landau die Mitteilung, daß Herr Wigert seit Jahrzehnten als Privatgelehrter (ich denke in Stockholm) gelebt, niemals eine Professur bekleidet hat, dagegen erst kürzlich Dozent an der Universität Stockholm geworden ist. Zieht man diese Äußerlichkeiten in Betracht, zu denen noch dazukommt, daß Herr Wigert nie einer der bekannten Mathematiker-Vereinigungen angehört hat, also in deren Mitgliederverzeichnissen nie zu finden war, berücksichtigt ferner, daß er ausschließlich in schwedischen Zeitschriften publiziert zu haben scheint und daß seine Hauptarbeiten auf das von verhältnismäßig wenig zahlreichen Mathematikern kultivierte Gebiet der analytischen Zahlentheorie sich erstrecken, so wird man wohl kaum die Annahme von der Hand weisen, daß sein Name wenigstens in recht weiten mathematischen Kreisen unbekannt geblieben sein dürfte. Was mich aber nicht hindern soll, zuzugestehen, daß meine oben angeführte Äußerung auf unzulänglichen Informationen beruhte und daß ich daher keinen Anstand nehme, mein aufrichtiges Bedauern darüber und über die daraus erwachsene Form meiner Fußnote auszusprechen. Und damit das versöhnliche Ende nicht fehle, so hat wieder einmal ein Teil jener Kraft, die das Böse wollte, das Gute geschaffen, indem nämlich gerade mein Versehen dazu beigetragen haben dürfte, die Verdienste des Herrn Wigert erst in weiteren Kreisen bekannt zu machen.

Im übrigen erleiden hierdurch meine prinzipiellen Einwendungen gegen die Benennung des fraglichen Satzes (einer notwendigen und hinreichenden Bedingung dafür, daß die Reihe $f(z) = \sum_{1}^{\infty} {}^{n}\, c_n z^n$ eine ganze Funktion von $\frac{z}{1-z}$ definiert) als *„Satz von Wigert“* nicht die geringste Einbuße. Und da ich durch den vorliegenden Sachverhalt gezwungen war, auf jene Fußnote nochmals zurückzukommen, so möge man mir auch gestatten, auf diese Einwendungen etwas näher einzugehen. Der betreffende Satz war in Deutschland und vermutlich auch in dem nicht-schwedischen Ausland im wesentlichen durch die Fabersche Dissertation vom April 1902 und insbesondere durch deren teilweisen Abdruck in Band 57 (1903) der Mathematischen Annalen bekannt geworden, aus dem einfachen Grunde, weil die letzteren (und zwar nicht allein in Deutschland) sicherlich einen erheblich größeren Leserkreis besitzen dürften, als die schwedischen Akademie-Berichte mit der entsprechenden Wigertschen Publikation. Übrigens habe ich 1911 in einer größeren Arbeit[1]) Herrn Faber (abgesehen von einem früheren Teilresultat des Herrn Leau) ausdrücklich die Autorschaft des Satzes zugeschrieben, ohne daß jemals von irgend einer Seite Widerspruch dagegen erhoben worden wäre. Hiernach hätte es schon an und für sich recht sonderbar erscheinen müssen, daß auf S. 467 jenes Enzyklopädie-Artikels der volle Wortlaut des Satzes *im Text* als der *Satz von Wigert* erscheint, während es doch dem sonstigen Gebrauch entsprochen hätte, die inzwischen entdeckte *Priorität* des Herrn Wigert lediglich durch die Anordnung der Literaturangaben in der zugehörigen Fußnote 199 kenntlich zu machen. Aber weiter: in dieser Fußnote wird nichtsdestoweniger mitgeteilt, daß *erstens* der Teil des Satzes, der sich auf den *hinreichenden* Charakter der Bedingung bezieht, bereits durch die Herren Leau und Le Roy, *zweitens* deren *Notwendigkeit* durch die Herren Wigert *und* Carlson bewiesen worden sei. Ein einigermaßen kritischer Leser mag sich wohl selbst einen Vers daraus machen, in wieweit es der historischen Gerechtigkeit entspricht, jenen Satz schlechthin als *Satz von Wigert* zu bezeichnen. Aber die Folgen der fehlerhaften Namengebung bleiben nicht aus: auf S. 288 der Bieberbachschen Funktionentheorie Bd. II steht ohne jeden Kommentar als Paragraphen-Überschrift in wunderschönen großen Lettern: *§ 3. Der Satz von Wigert.* Daß es auch einen Leau, Le Roy, Faber, Carlson gegeben hat, braucht der Leser ja nicht zu wissen. Ebensowenig freilich (was auch ich nicht wußte, aber oben bereits abgebüßt habe), daß die wahren Verdienste des Herrn Wigert

[1]) Über einige funktionentheoretische Anwendungen der Eulerschen Reihentransformation. Dieser Berichte Jahrg. 1912, S. 11—92. — Vgl. insbesondere S. 40/1, Fußn. 2.

auf ganz anderem Gebiete liegen und daß schon aus diesem Grunde die Zuteilung gerade dieses völlig abseits liegenden Satzes als wenig glücklich erscheint.

Nach alledem scheint mir kein berechtigtes Bedürfnis vorgelegen zu haben, diesen nicht etwa häufig zitierten, aber mitarbeiterreichen Satz, nachdem er in den Kreisen der Funktionentheoretiker seit 20 Jahren eines ausreichend angesehenen anonymen Daseins sich erfreut hatte, dem überraschten Leser in nagelneuer Autorenaufmachung vorzusetzen, und ich erblicke in dieser Tatsache, trotz der gegenüber meiner früheren Auffassung (a. a. O. S. 350, Fußn. 2) wesentlich veränderten Situation, nach wie vor ein „lehrreiches Beispiel“ für die Richtigkeit meiner These, daß die ständige Bereicherung der mathematischen Terminologie mit „Entdecker“-Sätzen der Bildung gerechter historischer Maßstäbe vielfach im Wege steht.

Zweiter Nachtrag zu Nr. II dieser Bemerkungen.

Auf S. 97 dieses Jahrgangs habe ich behauptet, daß der dort mit (B) bezeichnete, von Hadamard ausgesprochene, jedoch gewöhnlich Fabry zugeschriebene Satz:

(B) „*Wenn der Grenzwert von* $\frac{a_m}{a_{m+1}}$ *existiert, so liefert er eine singuläre Stelle* (sc. der Potenzreihe $\sum a_m x^m$)“

in der betreffenden Fabryschen Arbeit[1]) nicht zu finden sei und wohl von Hadamard herrühren müsse. Demgegenüber wurde mir von sehr vertrauenswürdiger Seite inzwischen mitgeteilt, daß der fragliche Satz *doch* bei Fabry stehe und zwar a. a. O. S. 380, Zeile 8—10. Der Satz (B) steht trotz alledem *keineswegs* bei Fabry. Dagegen steht an der genannten Stelle ein erheblich weiter reichender Satz, von dem der Satz (B) eine *wesentliche* Verschlechterung darstellt. Dieser *echte* Fabrysche Satz lautet in der Originalfassung (mit Zusatz der zum Verständnis unentbehrlichen Anfangsworte) folgendermaßen:

[1]) Näheres s. Fußn. 3, S. 96 meiner Arbeit.

Die Reihe $\sum \varrho_n e^{\omega_n i} z^n$ *hat die singuläre Stelle* $z = 1$, *wenn für unendlich viele* m: $\lim\limits_{m \to \infty} \frac{1}{m} \lg \varrho_m = 0$ [1]) *und für alle unendlichen* n $\lim\limits_{n \to \infty} | \omega_{n+1} - \omega_n | = 0$.

Oder, zum Vergleich, auch in der von mir benützten Schreibweise:

(*C*) *Die Reihe* $\sum a_\nu x^\nu \equiv \sum | a_\nu | \mathfrak{e}_\nu x^\nu$ *hat die singuläre Stelle* $x = 1$ *wenn:* 1) $\overline{\lim\limits_{\nu \to \infty}} | a_\nu |^{\frac{1}{\nu}} = 1$, 2) $\lim\limits_{\nu \to \infty} \frac{\mathfrak{e}_\nu}{\mathfrak{e}_{\nu+1}} = 1$.

Es ist evident, daß von diesem *richtigen* *Fabryschen* Satze dessen Hadamardsche Form (*B*) bei $\lim\limits_{\nu \to \infty} \frac{a_\nu}{a_{\nu+1}} = 1$ nur einen *sehr speziellen* Fall darstellt, aus dem überdies auch das entsprechende Ergebnis bei *beliebigem* $\lim\limits_{\nu \to \infty} \frac{a_\nu}{a_{\nu+1}}$ nach bekannter Schlußweise unmittelbar hervorgeht. Daß ein so ausgezeichneter Mathematiker wie Hadamard sich mit dieser abgeschwächten Form (*B*) des Fabryschen Satzes (*C*) begnügt hat, wird durch den Zusammenhang begreiflich, in welchem der Satz in seiner bekannten Schrift über die Taylorsche Reihe[2]) erscheint: er soll ihm nur dazu dienen, die Richtigkeit eines angeblich Lecornuschen (in Wahrheit freilich falsch zitierten und infolgedessen völlig mißverstandenen[3])) Satzes zu beweisen. Andererseits hat sich aber die Tatsache, daß an der bezeichneten Stelle statt des vollständigen Fabryschen Satzes nur der Teilsatz (*B*) vorkommt, recht unheilvoll ausgewirkt. Denn während der wertvolle Inhalt jener Fabryschen Arbeit infolge der leider sehr schwer genießbaren Darstellung wohl niemals ganz vollständig ausgeschöpft worden und keineswegs in weitere Kreise gelangt ist, so hat wohl jeder, der irgendwelches Interesse für Funktionentheorie besitzt, die (in Fußn 2 dieser Seite zitierte) Hadamardsche Schrift gelesen. Und so mußte es eben kommen, daß schließlich nur die verschlechterte Hadamardsche Form (*B*)

---

1) Kürzer geschrieben: $\overline{\lim\limits_{n \to \infty}} \lg \varrho_n^{\frac{1}{n}} = 0$.

2) La série de Taylor et son prolongement analytique (Paris 1901), p. 25.

3) Vgl. meine Bemerkungen S. 95/96 dieses Jahrgangs.

des Fabryschen Satzes[1]), also an Stelle des Satzes (C) nur der folgende (vgl. S. 107, Nr. 5):

(I) *Die Reihe* $\sum a_\nu x^\nu$ *hat die singuläre Stelle* $x = 1$, *wenn:*

$$\lim_{\nu \to \infty} \frac{a_\nu}{a_{\nu+1}} = 1,$$

den Weg in die mathematische Öffentlichkeit gefunden hat.

Dabei erweist sich dieser Satz trotz seiner bestechend einfachen Fassung eigentlich als recht mangelhaft, nicht sowohl weil er doch lediglich einen sehr speziellen Fall des Satzes (C) darstellt, sondern vor allem deshalb, weil er (im Gegensatz zu dem letzteren) nicht den geringsten Anhaltspunkt dafür bietet, in wieweit jede einzelne der beiden Teilbedingungen, in welche die obige Voraussetzung sich spalten laßt, nämlich:

$$1)\quad \lim_{\nu \to \infty} \left| \frac{a_\nu}{a_{\nu+1}} \right| = 1, \qquad 2)\quad \lim_{\nu \to \infty} \frac{e_\nu}{e_{\nu+1}} = 1,$$

an der Erzeugung der singulären Stelle beteiligt ist[2]).

Hingegen hat mein Beweis des Satzes (I) gezeigt, daß die Singularität der Stelle $x = 1$ bestehen bleibt, wenn man die Bedingung 1) durch die folgende: $\lim_{\nu = \infty} |a_\nu|^{\frac{1}{\nu}}$ ersetzt, mit anderen Worten, daß der ürsprünglich für den Satz (I) bestimmte Beweis vollständig ausreicht, um den folgenden allgemeineren Satz zu beweisen (vgl. S. 114):

---

[1]) Auch der funktionentheoretische Enzyklopädie-Artikel II C 4 bringt auf S. 460 unter Nr. 45 nur den Hadamardschen Satz (B) (obschon in der zugehörigen Fußnote 185 auch die betreffende Fabrysche Arbeit zitiert ist — übrigens mit den falschen Seitenzahlen p. 107—114 statt p. 367—399).

[2]) Mir persönlich scheint sogar die *erste* dieser Bedingungen eine gewisse suggestive und zwar hier irreführende Macht zu besitzen. Es ist vielleicht nicht ganz unbelehrend, sich in diesem Zusammenhang die Fiktion vor Augen zu führen, es hätte ein zweiter „Lecornu" den durchaus „richtigen" Satz ausgesprochen: Die Potenzreihe $\sum a_\nu x^\nu$ hat den Konvergenzradius 1, wenn $\lim_{\nu \to \infty} \frac{a_\nu}{a_{\nu+1}} = 1$. Und ein zweiter „Hadamard", der über Cauchys einschlägige Arbeiten *referierte,* hätte *ausschließlich* als Ergebnis der in Frage kommenden Cauchyschen Untersuchung nur den obigen „Lecornuschen", nicht aber den entsprechenden Satz mit $\lim_{\nu \to \infty} \left| \frac{a_\nu}{a_{\nu+1}} \right| = 1$ erwähnt!

(II) *Die Reihe* $\sum a_\nu x^\nu$ *hat die singuläre Stelle* $x = 1$, *wenn:*

$$1)\quad \lim_{\nu\to\infty} |a_\nu|^{\frac{1}{\nu}} = 1, \qquad 2)\quad \lim \frac{e_\nu}{e_{\nu+1}} = 1,$$

ein Satz, der sich vom Fabryschen Satze (C) nur dadurch unterscheidet, daß *hier* in der Bedingung 1) $\lim = 1$, dort dagegen nur $\overline{\lim} = 1$ gefordert wird. Die Notwendigkeit dieser *verstärkten* Forderung entsprang, wie der Zusammenhang zeigt (s. S. 114, Zeile 1—4), aus dem Umstande, daß *bei der vorliegenden Auswahl der* p_λ aus $\overline{\lim}_{\nu\to\infty} |a_\nu|^{\frac{1}{\nu}} = 1$ *kein* Schluß auf das Verhalten von $\overline{\lim}_{\lambda\to\infty} |a_{p_\lambda}|^{\frac{1}{p_\lambda}}$ gezogen werden kann. Wir werden zeigen, daß diese Schwierigkeit durch eine andere Auswahl der p_λ beseitigt werden kann.

2. Gehen wir auf das Kriterium (1), S. 99 zurück, so wollen wir zunächst um die beabsichtigte Auswahl der p_λ (welche ja Multipla der ganzen Zahl $\frac{1}{\vartheta}$ sein sollen) möglichst zu vereinfachen $\vartheta = \frac{1}{2}$ setzen, sodaß also das Kriterium die Form annimmt:

$$(1')\quad \overline{\lim_{\lambda\to\infty}} |A_{p_\lambda}|^{\frac{1}{p_\lambda}} = 1, \text{ wo: } A_{p_\lambda} = \sum_{\frac{1}{2}p_\lambda}^{\frac{3}{2}p_\lambda}{}^{\nu} \frac{p_\lambda!\, p_\lambda!}{(2\,p_\lambda - \nu)!\, \nu!}\, a_\nu = \sum_{\frac{1}{2}p_\lambda}^{\frac{3}{2}p_\lambda}{}^{\nu} C_{p_\lambda, \nu}\, a_\nu$$

als hinreichende Bedingung dafür, daß die Reihe $\sum a_\nu x^\nu$ mit dem Konvergenzradius 1 die singuläre Stelle $x = 1$ hat. Dabei sind also die p_λ *gerade* Zahlen, welche der Bedingung zu genügen haben:

$$(2')\qquad \frac{p_{\lambda+1}}{p_\lambda} > 3, \quad \text{damit:} \quad \tfrac{1}{2}p_{\lambda+1} > \tfrac{3}{2}p_\lambda.$$

Des weiteren lassen sich, wie jetzt gezeigt werden soll, die p_λ so auswählen, daß:

$$(3')\qquad \lim_{\lambda\to\infty} |a_{p_\lambda}|^{\frac{1}{p_\lambda}} = 1.$$

Man hat zunächst $\overline{\lim}_{\nu\to\infty} |a_\nu|^{\frac{1}{\nu}} = 1$ und es besteht daher *mindestens eine* der beiden Beziehungen:

$$\overline{\lim_{\mu\to\infty}} |a_{2\mu-1}|^{\frac{1}{2\mu-1}} = 1, \qquad \overline{\lim_{\mu\to\infty}} |a_{2\mu}|^{\frac{1}{2\mu}} = 1.$$

Wir dürfen aber ohne Beschränkung der Allgemeinheit allemal annehmen, daß die *zweite* besteht. Denn angenommen, es bestände *nur* die *erste*, so betrachten wir statt der Reihe $\sum a_\nu x^\nu$ die mit x multiplizierte *gleichsinguläre* und setzen:

$$\sum a_\nu x^{\nu+1} = \sum a'_{\nu+1} x^{\nu+1}, \quad \text{wo:} \quad a'_{\nu+1} = a_\nu.$$

Man hat sodann:

$$\overline{\lim_{\nu\to\infty}} |a'_{\nu+1}|^{\frac{1}{\nu+1}} = \overline{\lim_{\nu\to\infty}} |a_\nu|^{\frac{1}{\nu+1}} = \overline{\lim_{\nu\to\infty}} |a_\nu|^{\frac{1}{\nu}}$$

und daher für $\nu = 2\mu - 1$:

$$\overline{\lim_{\mu\to\infty}} |a'_{2\mu}|^{\frac{1}{2\mu}} = \overline{\lim_{\mu\to\infty}} |a_{2\mu-1}|^{\frac{1}{2\mu-1}} = 1,$$

womit die ausgesprochene Behauptung bewiesen ist.

Hiernach dürfen wir also jetzt voraussetzen, daß für unsere Reihe $\sum a_\nu x^\nu$:

$$\overline{\lim_{\mu\to\infty}} |a_{2\mu}|^{\frac{1}{2\mu}} = 1.$$

Dann enthält nach einem bekannten Satze[1]) die Folge $|a_{2\mu}|^{\frac{1}{2\mu}}$ ($\mu = 1, 2, 3, \ldots$) mit dem *oberen* Limes 1 eine monotone Teilfolge $|a_{2n_\nu}|^{\frac{1}{2n_\nu}}$ mit dem *Limes* 1, sodaß also:

$$\lim_{\nu\to\infty} |a_{2n_\nu}|^{\frac{1}{2n_\nu}} = 1.$$

Hebt man dann schließlich aus der Folge der geraden Zahlen $2n_\nu$ eine Teilfolge heraus, bei der jedes Glied (abgesehen vom ersten) mehr als das 3fache des unmittelbar vorhergehenden beträgt, so besitzen diese Zahlen genau die von den p_λ geforderten Eigenschaften einschließlich der oben behaupteten, durch Gl. (3') dargestellten.

3. Die in meiner Mitteilung II abgeleiteten Sätze von Nr. 2, 3 (S. 100/1), 4 (S. 107) lassen sich *mutatis mutandis* auch auf die neuen p_λ, A_{p_λ} bei $\vartheta = \frac{1}{2}$ übertragen. Das ist ganz unmittelbar ersichtlich bei dem Satze am Schlusse von Nr. 2, wenn man, wie dort, noch die Beziehung $\overline{\lim_{\lambda\to\infty}} |\Re(a_{p_\lambda})|^{\frac{1}{p_\lambda}} = 1$ in die Voraus-

[1]) Vgl. z. B. meine Vorlesungen über Zahlenlehre, Abt. I, S. 217, Nr. 2.

setzung aufnimmt. Es ergibt sich aber auch bezüglich des Satzes von Nr. 3, wenn man beachtet, daß die auf die Ungleichungen (3), (4) bei $\vartheta = \frac{1}{2}$ folgende, dort auf der Voraussetzung $\frac{p_{\lambda+1}}{p_\lambda} \geqq 2$ beruhende Abschätzung *a fortiori* im Falle $\frac{p_{\lambda+1}}{p_\lambda} > 3$ gilt. Daraus folgt dann aber auch unmittelbar die Gültigkeit des Satzes von Nr. 4, „des Fabryschen Kriteriums".

Dies vorausgeschickt läßt sich aber zeigen, daß der Beweis des Satzes von Nr. 5 (S. 107):

„*Ist* $\lim\limits_{\nu \to \infty} \frac{a_\nu}{a_{\nu+1}} = 1$, *so hat die Reihe* $\sum a_\nu x^\nu$ *die singuläre Stelle* $x = 1$", durch die Einführung der neuen p_λ noch *stichhaltig* bleibt, wenn man

$$\textit{die Voraussetzung:}\ \lim_{\nu \to \infty} \frac{a_\nu}{a_{\nu+1}} = 1$$

$$\textit{durch die beiden folgenden:}\ \overline{\lim_{\nu \to \infty}} |a_\nu|^{\frac{1}{\nu}} = 1,\ \lim_{\nu \to \infty} \frac{\mathfrak{e}_\nu}{\mathfrak{e}_{\nu+1}} = 1$$

ersetzt.

Verfolgt man nämlich den fraglichen Beweis, so werden, wie ja schon in dem „Nachtrag zu Nr. II" auf S. 113/4 zu lesen ist, von der Voraussetzung $\lim\limits_{\nu \to \infty} \frac{a_\nu}{a_{\nu+1}}$ nur die beiden Teilfolgerungen benützt:

$$\lim_{\nu \to \infty} |a_\nu|^{\frac{1}{\nu}} = 1, \qquad \lim_{\nu \to \infty} \frac{\mathfrak{e}_\nu}{\mathfrak{e}_{\nu+1}} = 1,$$

deren erste sogar nur unvollkommen. Sie mag auf S. 107 dazu dienen, implizite den Konvergenzradius 1, ferner die Beziehung $a_\nu \neq 0$ (zum mindesten von einer bestimmten Stelle ab) zu sichern. Das erstere würde indessen schon die geringere Forderung $\overline{\lim\limits_{\nu \to \infty}} |a_\nu|^{\frac{1}{\nu}}$ besorgen, das andere leistet die Voraussetzung $\lim\limits_{\nu \to \infty} \frac{\mathfrak{e}_\nu}{\mathfrak{e}_{\nu+1}} = 1$, welche ja (zum mindesten von einer bestimmten Stelle ab) das Vorhandensein *aller* $\mathfrak{e}_\nu$, also auch die Existenz der zugehörigen $|a_\nu| > 0$ verbürgt[1]).

[1]) Das analoge leistet bei der Fabryschen Bezeichnung (s. oben) die Beziehung: $\lim\limits_{n \to \infty} |\omega_{n+1} - \omega_n| = 1$.

Sonst kommt jene Bedingung nur noch am Schluß des fraglichen Beweises, S. 112, Gl. (20), als Grundlage des speziellen Falles $\lim\limits_{\lambda \to \infty} |a_{p_\lambda}|^{\frac{1}{p_\lambda}}$ in Betracht. Da dieser nunmehr unabhängig davon durch die neue Wahl der p_λ gesichert ist, so wird sie gänzlich überflüssig. Mithin genügt jetzt jener Beweis dazu, statt des zwar besonders wohlklingenden, aber in gewissem Sinne irreführenden, nur einem unglücklichen Zufall seine Existenz und Popularität verdankenden Hadamardschen Satzes den folgenden Fabryschen zu begründen:

Die Reihe $\sum a_\nu x^\nu \equiv \sum |a_\nu| e_\nu x^\nu$ *hat die singuläre Stelle* $x = 1$, *wenn:*

$$\overline{\lim_{\nu \to \infty}} |a_\nu|^{\frac{1}{\nu}} = 1, \qquad \lim_{\nu \to \infty} \frac{e_\nu}{e_{\nu+1}} = 1.$$

Oder auch:

Die Reihe $\sum a_\nu x^\nu$ *mit dem Konvergenzradius* 1 *hat die singuläre Stelle* $x = 1$, *wenn:*

$$\lim_{\nu \to \infty} \frac{a_\nu}{|a_\nu|} \cdot \frac{|a_{\nu+1}|}{a_{\nu+1}} = 1.$$

4. Der vorstehende Satz gestattet noch insofern eine gewisse Verallgemeinerung, als man ihn von der (implizite in der Voraussetzung enthaltenen) Einschränkung $a_\nu \neq 0$ (zum mindesten etwa für $\nu \geqq n$) befreien kann. Hiezu hat man zunächt nur zu beachten, daß bei der neuen Bestimmung der p_λ, sowie auch in den vorbereitenden Sätzen zu unserem Hauptsatz von Nr. 5 (S. 100—107) einschließlich des „Fabryschen Kriteriums" (A) von einer solchen Einschränkung gar keine Rede ist.

Bezeichnet man sodann die Koeffizienten der fraglichen Potenzreihe jetzt mit a_{k_ν} statt mit a_ν, wo (k_ν) eine Folge *beliebig* wachsender natürlicher Zahlen vorstellt und durchweg $a_{k_\nu} \neq 0$ vorausgesetzt wird, so hat man nur die frühere Bedingung: $\lim\limits_{\nu \to \infty} \widehat{e_\nu\, e_{\nu+1}} = 0$ (S. 108, Gl. (16); S. 113, Gl. (6)) durch die folgende: $\lim\limits_{\nu \to \infty} \widehat{e_{k_\nu}\, e_{k_{\nu+1}}} = 0$, anders geschrieben: $\lim\limits_{\nu \to \infty} \dfrac{e_{k_\nu}}{e_{k_{\nu+1}}} = 1$, zu ersetzen, um den Beweis genau so, wie zuvor, durchführen zu können.

Anstatt die Richtigkeit dieser Aussage durch nochmalige Überprüfung jenes früheren Beweises zu bestätigen, kann man auch durch passende *Ausfüllung* der in der Reihe $\sum a_{k_\nu} x^{k_\nu}$ voraussetzungsgemäß enthaltenen unendlich vielen *Lücken* das fraglichen Ergebnis als unmittelbare Folge des Satzes von Nr. 3 gewinnen. Bezeichnet man mit a_μ die in der Folge der a_{k_ν} *fehlenden* Koeffizienten und verfügt zunächst über $|a_\mu|$ in der Weise, daß die Reihe $\sum a_\mu x^\mu$ einen Konvergenzradius > 1 hat, so ist die durch Addition von $\sum a_\mu x^\mu$ zu $\sum a_{k_\nu} x^{k_\nu}$ hergestellte *lückenlose* Reihe $\sum a_\nu x^\nu$ mit der ursprünglichen auf dem Einheitskreise *gleichsingulär*. Setzt man ferner $a_\mu = |a_\mu|\, e_\mu$ und sodann:

$$e_\mu = e_{k_\nu} \quad \text{für:} \quad k_\nu < \mu < k_{\nu+1},$$

so wird:

$$\frac{e_\mu}{e_{\mu+1}} = 1 \quad \text{für:} \quad \mu = k_\nu,\ k_\nu + 1, \ldots k_{\nu+1} - 2,$$

andererseits:

$$\frac{e_{k_{\nu+1}-1}}{e_{k_{\nu+1}}} = \frac{e_{k_\nu}}{e_{k_{\nu+1}}}, \quad \text{also:} \quad \lim_{\nu\to\infty} \frac{e_{k_{\nu+1}-1}}{e_{k_{\nu+1}}} = 1.$$

Hiernach findet für die *lückenlose* Reihe $\sum a_\nu x^\nu$ die Beziehung $\lim\limits_{\nu\to\infty} \frac{e_\nu}{e_{\nu+1}} = 1$ statt, die Stelle $x = 1$ ist daher für sie selbst und die mit ihr gleichsinguläre Reihe $\sum a_{k_\nu} x^{k_\nu}$ eine *singuläre*. Somit ergibt sich, wie oben behauptet:

Hat die Reihe $\sum a_{k_\nu} x^{k_\nu}$ (wo (k_ν) eine Folge beliebig wachsender natürlicher Zahlen und durchweg $a_{k_\nu} \neq 0$) den Konvergenzradius 1, so hat sie auch die singuläre Stelle $x = 1$, wenn:

$$\lim_{\nu\to\infty} \frac{e_{k_\nu}}{e_{k_{\nu+1}}} = 1.$$

Der vorstehende Satz besagt also, daß die Reihe die singuläre Stelle $x = 1$ hat, wenn das Verhältnis je zweier konsekutiver Einheitsfaktoren gegen 1 konvergiert. Sind die a_{k_ν} *reell*, in welchem Falle die Einheitsfaktoren nur $+1$ oder -1 sein können, bedeutet dies nicht mehr und nicht weniger, als daß alle Koeffizienten zum mindesten von einer bestimmten Stelle ab *gleiches*

Vorzeichen haben, mit anderen Worten, der Satz fällt dann mit dem ehemals Vivantischen zusammen. Der obige allgemeine Satz erweist sich also als eine ganz direkte Verallgemeinerung des letzteren.

Zum Schluß noch die folgende Bemerkung. Der auf die (zum mindesten *schließlich*) *„lückenlose“* Reihe $\sum a_\nu x^\nu$ bezügliche Satz am Schlusse von Nr. 3 gestattet nach bekannter Schlußweise (nämlich mit Hilfe der Substitution $x = r\,\mathfrak{e}\,y$) die folgende Verallgemeinerung:

Hat die Reihe $\sum a_\nu x^\nu \equiv \sum |a_\nu|\, \mathfrak{e}_\nu x^\nu$ *den Konvergenzradius* r *und ist:*

$$\lim \frac{\mathfrak{e}_\nu}{\mathfrak{e}_{\nu+1}} = \mathfrak{e},$$

so hat sie die singuläre Stelle $x = r\,\mathfrak{e}$.

Dagegen ist zu beachten, daß bei einer mit *unendlich vielen Lücken* behafteten Reihe $\sum |a_{k_\nu}|\, \mathfrak{e}_{k_\nu} x^{k_\nu}$, falls sie den Konvergenzradius $r \neq 1$ besitzen sollte, zwar im Falle $\lim\limits_{\nu\to\infty} \frac{\mathfrak{e}_\nu}{\mathfrak{e}_{\nu+1}} = 1$ die Singularität der Stelle $x = r$ mit Hilfe der Substitution $x = ry$ resultiert, daß aber andererseits im Falle $\lim\limits_{\nu\to\infty} \frac{\mathfrak{e}_\nu}{\mathfrak{e}_{\nu+1}} = \mathfrak{e}$ *nicht* etwa auf analogem Wege auf die Singularität der Stelle $x = r\,\mathfrak{e}$ geschlossen werden kann.

Einfaches Beispiel: Man setze $k_\nu = 2\nu$, $\mathfrak{e}_{k_\nu} = \mathfrak{e}^{-\nu}$. Für die Reihe $\sum_0^\infty {}_\nu\, \mathfrak{e}^{-\nu} x^{2\nu}$ besteht dann die Beziehung: $\frac{\mathfrak{e}_{k_\nu}}{\mathfrak{e}_{k_{\nu+1}}} \equiv \frac{\mathfrak{e}^{-\nu}}{\mathfrak{e}^{-(\nu+1)}} = \mathfrak{e}$. Da sie andererseits die Summe $\frac{\mathfrak{e}}{\mathfrak{e} - x^2}$ besitzt, so hat sie auf dem Einheitskreise ausschließlich die beiden singulären Stellen $x = \pm\, \mathfrak{e}^{\frac{1}{2}}$.

Herleitung differentialgeometrischer Flächeneigenschaften aus Sehnen-Dreiecksflachen.

Von **Robert Sauer** in München.

Vorgetragen in der Sitzung am 9. November 1929.

§ 1. Infinitesimale Dreiecksnetze und Dreiecksflache.

Unter einer Fläche $[F]$ verstehen wir im Folgenden das topologische Bild eines ebenen gleichseitig-dreieckigen Bereiches $[E]$ mit der Seitenlänge 1.

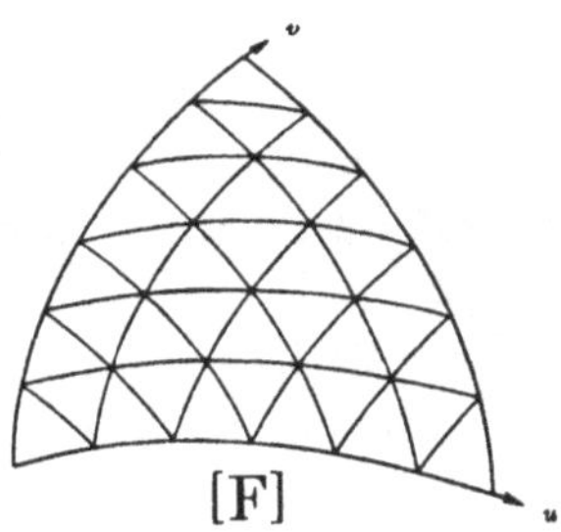

Figur 1a

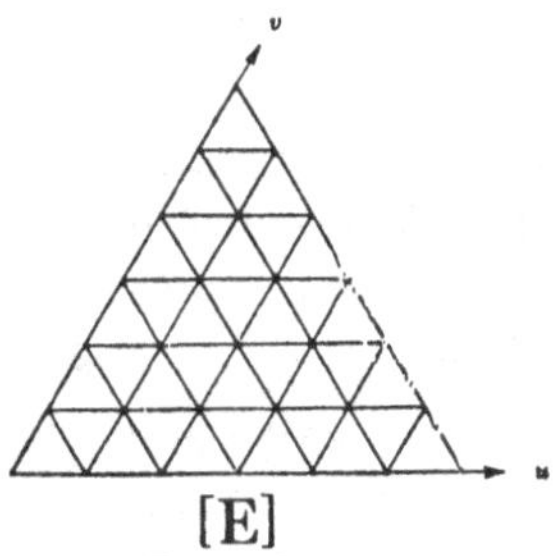

Figur 1b

Führt man 2 Seiten von $[E]$ als schiefwinkelige Koordinatenachsen u, v ein, so entsprechen den 3 Systemen seitenparalleler Geraden $u = \text{const.}$, $v = \text{const.}$, $w \equiv u + v = \text{const.}$ des Bereiches $[E]$ auf $[F]$ 3 Systeme von Kurven („Parameterlinien"), denen wir die nämlichen Parameterwerte u, v, w zuordnen wollen. Die Fläche $[F]$ läßt sich analytisch darstellen durch drei Funktionen $x(u, v)$, $y(u, v)$, $z(u, v)$ für die Koordinaten ihrer Punkte. Wir setzen allgemein fest, daß x, y, z im Definitionsbereich $0 \leqq u, v, w \leqq 1$ dreimal nach u und v stetig differenzierbar seien. Aus den 3 Parametersystemen greifen wir die diskreten Werte $u = \frac{h}{\varrho}$, $v = \frac{i}{\varrho}$, $w = \frac{k}{\varrho}$

(ϱ = positive ganze Zahl, $h, i, k = 0, 1, 2, \ldots (\varrho - 1), \varrho$) heraus und bestimmen dadurch in $[E]$ ein „Dreiecksnetz" von ϱ^2 gleichseitigen Dreiecken der Seitenlänge $\frac{1}{\varrho}$.

Das topologische Bild des „Dreiecksnetzes" von $[E]$ ist auf $[F]$ in der nämlichen Weise ein „*Dreiecksnetz*". Die ϱ^2 Netzdreiecke sind naturgemäß im allgemeinen nicht kongruent, jedoch sind ebenso wie in $[E]$ alle (krummlinigen) Dreiecksseiten von nicht verschwindender Länge (Figur 1).

Für $\varrho \to \infty$ bekommt man der Reihe nach immer „engere" Dreiecksnetze, d. h. die Zahl der Maschendreiecke wächst unbegrenzt und alle Seitenlängen der Dreiecksmaschen (sowohl in $[E]$ als auch in $[F]$) nehmen unbegrenzt ab. Diese für $\varrho \to \infty$ unbegrenzt enger werdenden Netze sollen „*infinitesimale Dreiecksnetze*" heißen.

Ersetzt man in einem der betrachteten Dreiecksnetze auf $[F]$ die im allgemeinen krummlinigen Dreiecksseiten durch ihre geradlinigen Sehnen, so entsteht — wenn die Netzknotenpunkte nicht zufällig in einer Ebene liegen — ein räumliches, aus lauter geradlinig begrenzten ebenen Dreiecken zusammengesetztes Gebilde, das ich als „*Dreiecksflach*" oder mit Rücksicht auf seine Lage zu $[F]$ als „*Sehnen-Dreiecksflach* $[\varDelta_\varrho]$" bezeichnen werde. Dem Grenzübergang $\varrho \to \infty$ des infinitesimalen Dreiecksnetzes ordnet sich das „*infinitesimale Dreiecksflach*" zu, bei dem ebenfalls alle Dreiecksseiten für $\varrho \to \infty$ unbegrenzt abnehmen.

Problemstellung:

Aus solchen elementar-geometrischen (trigonometrischen) Eigenschaften der Sehnendreiecksflache, welche bei dem Grenzübergang $\varrho \to \infty$ erhalten bleiben, können differentialgeometrische Eigenschaften der Fläche $[F]$ selbst hergeleitet werden[1]).

Das Ziel der folgenden Untersuchungen ist es, durch die angegebene Methode (die Fundamentalgrößen der Flächentheorie zu entwickeln und dadurch) zu einem elementaren Be-

[1]) In diesem Zusammenhange sei verwiesen auf die in der Enzyklopädie der mathematischen Wissenschaften III D 6a, Seite 437—440 angegebene Literatur, besonders S. Finsterwalder, Mechanische Beziehungen bei der Flächendeformation, Deutsche Math. Verein. 6 (1899) Seite 45—99.

weis der Mainardi-Codazzischen Gleichungen und der Gauß-schen Gleichung vom Krümmungsmaß zu gelangen.

In den nächsten beiden Abschnitten werden wir uns lediglich mit den endlichen Sehnendreiecksflachen beschäftigen. In den späteren Abschnitten behandeln wir dann den Übergang zum infinitesimalen Sehnen-Dreiecksflach und zu den differentialgeometrischen Eigenschaften der Fläche $[F]$.

§ 2. **Definitionen für das Dreiecksflach** $[\Delta_\varrho]$.

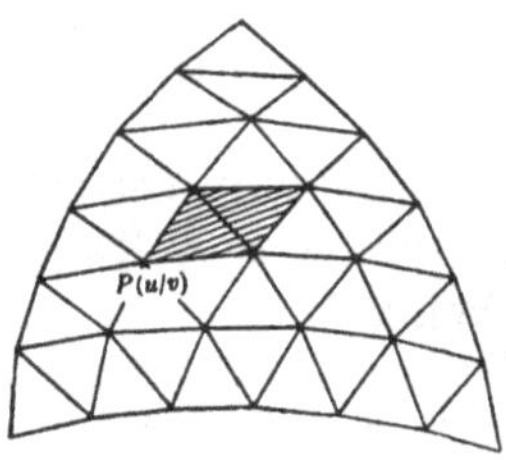

Figur 2a

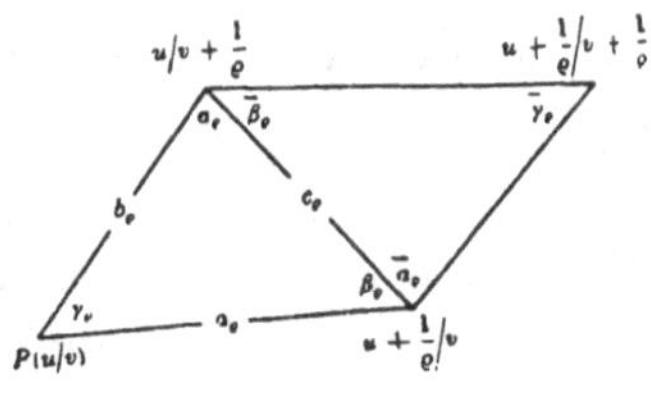

Figur 2b

Jedem „Knotenpunkt" $P(u, v; w \mp 1)$ des Dreiecksflaches $[\Delta_\varrho]$ ist eindeutig ein Dreieck $u|v;\ u + \frac{1}{\varrho}|v;\ u|v + \frac{1}{\varrho}$ und $\left(\text{wenn } w \mp 1 - \frac{1}{\varrho}\right)$ unter Hinzunahme des Punktes $u + \frac{1}{\varrho}|v + \frac{1}{\varrho}$ ein „geknicktes" Viereck zugeordnet. Die 3 Seiten des Dreiecks, die 6 Winkel des geknickten Vierecks und die 3 an den Seiten des Dreiecks liegenden Keilwinkel des Dreiecksflachs (= Winkel der an der betreffenden Seite sich schneidenden Dreiecksebenen) sollen, als „zum Knotenpunkt $P(u, v)$ gehörig", folgendermaßen (vgl. Figur 2b) bezeichnet werden:

3 Dreiecksseiten	$a_\varrho(u, v),\ b_\varrho(u, v),\ c_\varrho(u, v);$
6 Dreieckswinkel	$\alpha_\varrho(u, v),\ \beta_\varrho(u, v),\ \gamma_\varrho(u, v);$
	$\overline{\alpha}_\varrho(u, v),\ \overline{\beta}_\varrho(u, v),\ \overline{\gamma}_\varrho(u, v);$
3 Keilwinkel	$\varkappa_\varrho(u, v),\ \lambda_\varrho(u, v),\ \mu_\varrho(u, v).$

Definitionsgemäß ist

$$a_\varrho > 0, \qquad 0 < \alpha_\varrho < \pi \quad \text{und analog für} \quad b_\varrho, \beta_\varrho, \overline{\beta}_\varrho;\ c_\varrho, \gamma_\varrho, \overline{\gamma}_\varrho.$$

Ferner sollen die Keilwinkel $\varkappa_\varrho$, λ_ϱ, μ_ϱ als Außenwinkel im Normalschnitt zu der betreffenden Kante a_ϱ, b_ϱ, c_ϱ gemessen werden (Figur 3).

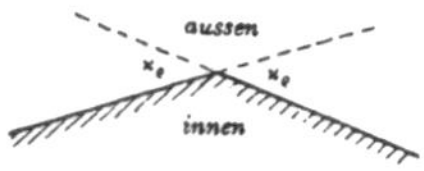

Figur 3

Da $[F]$ einfach zusammenhängend ist, kann eine Außen- und Innenseite festgelegt werden. Dadurch läßt sich für das Vorzeichen von $\varkappa_\varrho$ die Bestimmung treffen

$$\varkappa_\varrho \gtrless 0: \; [\Delta_\varrho] \text{ ist bei } a_\varrho \text{ von außen gesehen} \begin{cases} \text{konvex,} \\ \text{konkav.} \end{cases} \quad (\text{Analog } \lambda_\varrho \mu_\varrho.)$$

In Figur 3 ist $\varkappa_\varrho > 0$.

Ordnet man jedem Knotenpunkt $P\,(w \neq 1)$ in der angegebenen Weise seine Dreiecksseiten, Dreieckswinkel und Keilwinkel zu, so werden sämtliche Seiten und Winkel von $[\Delta_\varrho]$ erschöpft. (Für $u = 0$ fallen die λ_ϱ, für $v = 0$ die $\varkappa_\varrho$, für $w = 1 - \frac{1}{\varrho}$ die μ_ϱ sowie die $\bar{\alpha}_\varrho$, $\bar{\beta}_\varrho$, $\bar{\gamma}_\varrho$ weg.)

§ 3. Beziehungen zwischen den Seiten und Winkeln des Dreiecksflachs $[\Delta_\varrho]$.

Die Dreiecksseiten, Dreieckswinkel und Keilwinkel sind nicht voneinander unabhängig. Es sollen jetzt alle zwischen ihnen bestehenden Beziehungen aufgefunden werden.

Dabei gehen wir in 3 Schritten vorwärts, indem wir der Reihe nach zuerst die einzelnen Dreiecke, dann die einzelnen Sechskante $[K]$, welche in jedem inneren Knotenpunkt von den 6 dort zusammentreffenden Dreiecken gebildet werden, und schließlich das gesamte Dreiecksflach $[\Delta_\varrho]$ aufzubauen suchen.

I. Einzeldreieck.

Jedes Dreieck ist durch seine 3 Seiten und 3 Winkel festgelegt. Für die Existenz des Dreiecks ist notwendig und hinreichend, daß die Summe von 2 Dreieckseiten größer ist als die 3. Seite. Dies gibt für die in Figur 2b gezeichneten Dreiecke die Ungleichungen

$$\text{(I)} \qquad \boxed{\begin{array}{l} a_\varrho(u, v) \qquad\quad + b_\varrho(u, v) \qquad\quad > c_\varrho(u, v) \\ a_\varrho\left(u, v + \frac{1}{\varrho}\right) + b_\varrho\left(u + \frac{1}{\varrho}, v\right) > c_\varrho(u, v) \end{array}}$$

Die Dreieckswinkel lassen sich dann in bekannter Weise trigonometrisch aus den Seiten berechnen; es sei dies symbolisch angedeutet durch

$$\alpha_\varrho = f(a_\varrho, b_\varrho, c_\varrho). \quad \text{(Analog für } \beta_\varrho, \bar{\beta}_\varrho \text{ u. s. f.)}$$

II. Sechskant $[K]$.

Nunmehr sollen die Einzeldreiecke in jedem inneren Knotenpunkt $P(u, v)$ zu einem Sechskant $[K]$ zusammengefaßt werden, so daß die Keilwinkel des Sechskants mit den vorgegebenen Werten $\varkappa_\varrho$, λ_ϱ, μ_ϱ übereinstimmen.

In Figur 4a, b ist dem Sechskant $[K]$ das Kugelsechseck $[\Sigma]$ gegenübergestellt, welches vom Polarsechskant auf der konzentrischen Einheitskugel ausgeschnitten wird.

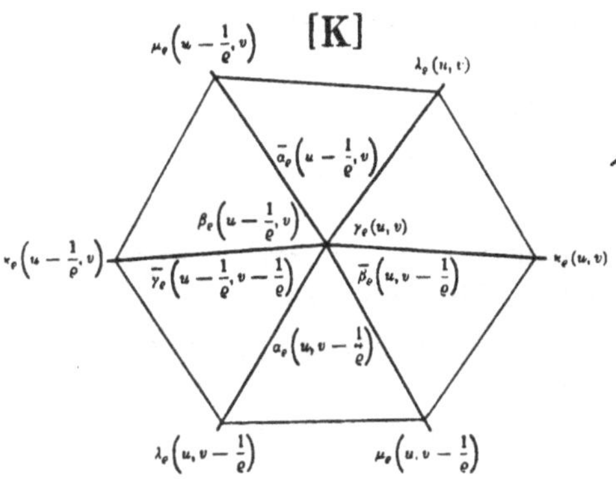

Figur 4a

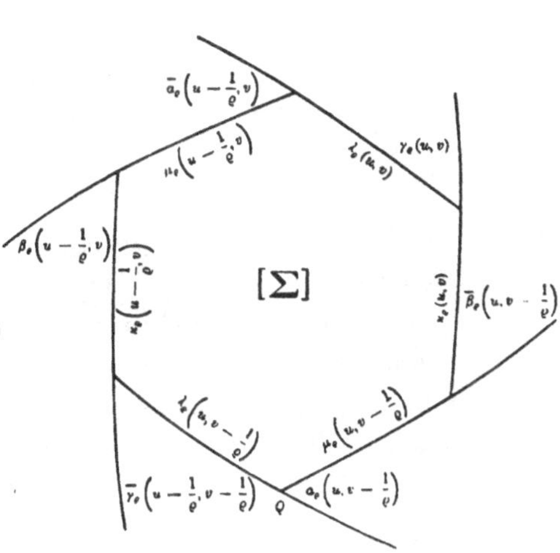

Figur 4b

Die Keilwinkel $\varkappa_\varrho$, λ_ϱ, μ_ϱ und die Dreieckswinkel α_ϱ, $\bar{\alpha}_\varrho$ u. s. f. des Sechskants $[K]$ sind gleichzeitig die Seiten bzw. die Außenwinkel des Kugelsechsecks $[\Sigma]$.

Die 6 Seiten und 6 Winkel von $[\Sigma]$ sind sämtlich durch die a_ϱ, b_ϱ, c_ϱ und $\varkappa_\varrho$, λ_ϱ, μ_ϱ festgelegt. Es müssen infolgedessen 3 Beziehungen bestehen, wie man folgendermaßen erkennt:

1. Schließungssätze.

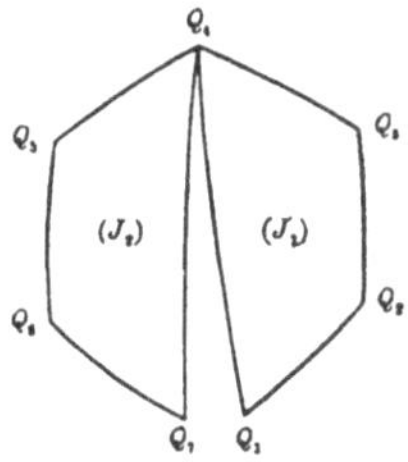

Figur 5

Zunächst sehen wir vom Winkel a_ϱ bei Q (Figur 4b) ab und konstruieren aus den übrigen Winkeln und aus allen Seiten von $[\Sigma]$ auf der Einheitskugel den sphärischen Sechszug $Q_1\, Q_2 \ldots Q_7$ (Figur 5). Die Schließungsforderung $Q_1 = Q_7 = Q$ gibt 2 Gleichungen

(II 1) $$\boxed{A = 0 \qquad B = 0}$$

zwischen allen Seiten und Winkeln von $[\Sigma]$ ausschließlich $\sphericalangle\, Q$ (Figur 4b). Für das Folgende ist es nicht nötig, die weitläufigen analytischen Ausdrücke A, B auszuschreiben; es genügt A, B durch ihre geometrische Bedeutung zu fixieren:

$A =$ sphärische Normalprojektion des Sechszuges $Q_1 \ldots Q_7$ auf den Hauptkreis $Q_1\, Q_2$,

$B =$ sphärische Normalprojektion des Sechszuges $Q_1 \ldots Q_7$ auf den zu $Q_1\, Q_2$ mittelsenkrechten Hauptkreis.

2. Flächensatz.

Beim Erfülltsein der Bedingungen $A = 0$, $B = 0$ wird der offene Sechszug $Q_1\, Q_2 \ldots Q_6\, Q_7$ zum geschlossenen Kugelsechseck $Q_1\, Q_2 \ldots Q_6\, Q_1$, welches in allen Seiten und Winkeln, ausgenommen $\sphericalangle\, Q$ mit $[\Sigma]$ übereinstimmt. Damit nun auch der letzte Winkel $\sphericalangle\, Q$ von Σ den geforderten Wert annimmt, haben wir noch eine 3. Bedingung hinzuzufügen:

(II 2) $$\boxed{C = 0}$$

zwischen allen Seiten und allen Winkeln von $[\Sigma]$ einschließlich $\sphericalangle\, Q$.

Auch C soll nur durch seine geometrische Bedeutung fixiert werden:

Sei $(J_1) =$ Fläche des Kugelvierecks $Q_1\, Q_2\, Q_3\, Q_4$ $\}$ in Figur 5,
$(J_2) =$ Fläche des Kugelvierecks $Q_4\, Q_5\, Q_6\, Q_7$
$(J) =$ Fläche des Kugelsechsecks Σ der Figur 4b,

so läßt sich $\sphericalangle Q$, nach Erfülltsein der Gleichungen $A = 0$, $B = 0$, berechnen aus dem Ansatz

$$(J_1) + (J_2) = (J) = 2\pi - \text{Außenwinkelsumme}.$$

Für $C \equiv (J_1) + (J_2) - 2\pi +$ Außenwinkelsumme folgt daraus (II 2).

(J_1), (J_2) enthalten alle Seiten und Winkel von $[\Sigma]$ ausschließlich $\sphericalangle Q$, die Außenwinkelsumme enthält alle Winkel von $[\Sigma]$ einschließlich $\sphericalangle Q$.

($(J) = 2\pi -$ Außenwinkelsumme hat auch folgende geometrische Bedeutung: Schneidet man das Sechskant $[K]$ an einer Kante auf und breitet es in die Ebene aus, so bleibt in der ebenen Abwickelung an der aufgeschlitzten Kante eine Lücke oder die Abwickelung überdeckt sich teilweise. Der „Lücken- bzw. Überdeckungswinkel" soll positiv bzw. negativ gerecht werden und ist dann gleich der Differenz $2\pi -$ Außenwinkelsumme $=$ Fläche des zugehörigen Kugelsechsecks $[\Sigma]$.)

III. Gesamtes Dreiecksflach $[\Delta_\varrho]$.

Wenn für alle Einzeldreiecke die Ungleichungen (I) und für jeden inneren Knotenpunkt P die 3 Gleichungen (II 1), (II 2) erfüllt sind, so lassen sich aus den angegebenen Bestimmungsstücken die Einzeldreiecke konstruieren und für jeden inneren Knotenpunkt zu den einzelnen Sechskanten zusammenfügen. Die Konstruktionen verlaufen eindeutig, wenn man von vornherein die Vorzeichen der $\varkappa_\varrho$, λ_ϱ, μ_ϱ durch Annahme einer Außenseite von $[\Delta_\varrho]$ definiert. (Bei Vertauschung der Außen- und Innenseite und damit der Vorzeichen von $\varkappa_\varrho$ u.s.f. geht jedes Sechskant $[K]$ in sein Spiegelbild über.)

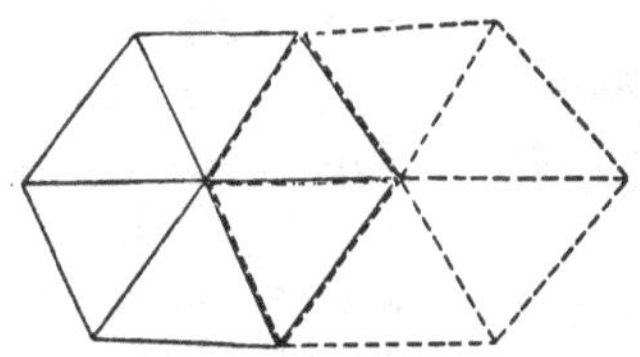

Figur 6

Ihrer Konstruktion nach lassen sich für 2 benachbarte Knotenpunkte die (sechseckig abgegrenzten) Sechskante mit je 2 Dreiecken zur Deckung bringen (vgl. Figur 6). Auf diese Weise fortfahrend, kann man alle Sechskante der Reihe nach lückenlos zusammenfügen und so das gesamte Dreiecksflach $[\Delta_\varrho]$ aufbauen, abgesehen von gewissen Randdreiecken, die am Schlusse angefügt werden können.

Ergebnis:

Aus den vorgegebenen Seiten $a_\varrho, b_\varrho, c_\varrho$ *und Winkeln* $\varkappa_\varrho, \lambda_\varrho, \mu_\varrho$ *läßt sich dann und nur dann ein Dreiecksflach* Δ_ϱ *konstruieren, wenn alle Bedingungen (I), (II 1), (II 2) erfüllt sind. In diesem Falle ist* $[\Delta_\varrho]$ *(bis auf Spiegelung) eindeutig fest-*

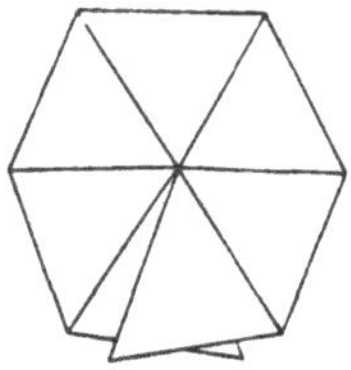

Figur 7 a

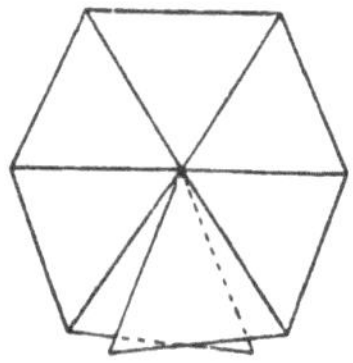

Figur 7 b

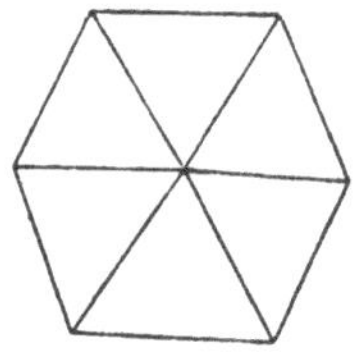

Figur 7 c

gelegt. Sind nur die Ungleichungen (I) erfüllt, dann lassen sich aus den vorgegebenen Seiten und Winkeln zu jedem inneren Knotenpunkt „klaffende" Sechskante konstruieren, bei denen das erste und sechste Dreieck in 2 verschiedenen Ebenen liegen (Figur 7a). Sind die Bedingungen (II 1) erfüllt, so fallen diese beiden Ebenen zusammen, aber das erste und sechste Dreieck sind noch um die Sechskantspitze gegeneinander verdreht (Figur 7b). Sind auch die Bedingungen (II 2) erfüllt, dann kommen das erste und sechste Dreieck miteinander zur Deckung (Figur 7c).

Die vorangehenden Betrachtungen haben alle (notwendigen und hinreichenden) Beziehungen ergeben, welche zwischen den Winkeln und Seiten eines **beliebigen** Dreiecksflaches bestehen müsssen. Davon, daß $[\Delta_\varrho]$ einer Fläche $[F]$ einbeschrieben, also Sehnen-Dreiecksflach sein soll, wurde kein Gebrauch gemacht. Die Forderung, daß $[\Delta_\varrho]$ **Sehnen**dreiecksflach ist und für $\varrho \to \infty$ infinitesimales Sehnendreiecksflach wird, bildet den Gegenstand des nächsten Abschnitts.

§ 4. Berechnung der Seiten und Winkel der Sehnendreiecksflache aus den Koordinaten der Knotenpunkte.

Die Dreiecksseiten, Dreieckswinkel und Keilwinkel eines (zunächst endlichen) Sehnendreieckflachs $[\Delta_\varrho]$ lassen sich mit den Hilfsmitteln der analytischen Geometrie aus den Koordinaten x, y, z der Knotenpunkte berechnen. Setzt man $\frac{1}{\varrho} = \varepsilon$ (= endliche Zahl), so kann man aus Figur 2b, in der bei den Seiten und Winkeln die Argumente u, v weggelassen sind, folgende Gleichungen ablesen:

1. Dreiecksseiten:

$$(1)\quad \left\{\begin{array}{l} a_\varrho(u,v)=\left[(x(u,v)-x(u+\varepsilon,v))^2+(y(u,v)-y(u+\varepsilon,v))^2+(z(u,v)-z(u+\varepsilon,v))^2\right]^{\frac{1}{2}} \\ b_\varrho(u,v),\ c_\varrho(u,v) \text{ analog.} \end{array}\right\}$$

2. Dreieckswinkel.

$$(2)\quad \left\{\begin{array}{l} \cos\alpha_\varrho(u,v) = \dfrac{1}{2b_\varrho(u,v)c_\varrho(u,v)}\left(b_\varrho^2(u,v)+c_\varrho^2(u,v)-a_\varrho^2(u,v)\right) \\ \cos\bar{\alpha}_\varrho(u,v) = \dfrac{1}{2b_\varrho(u+\varepsilon,v)c_\varrho(u,v)}\left(b_\varrho^2(u+\varepsilon,v)+c_\varrho^2(u,v)-a_\varrho^2(u,v+\varepsilon)\right) \\ \beta_\varrho,\ \bar{\beta}_\varrho \text{ u. s. f. analog.} \end{array}\right.$$

Setzt man zur Abkürzung:

$f(u,v) = a_\varrho(u,v)\cdot b_\varrho(u,v)\sin\gamma(u,v)$ = doppelter Flächeninhalt des Dreiecks $a_\varrho(u,v)b_\varrho(u,v)c_\varrho(u,v)$;

$\bar{f}(u,v) = a_\varrho(u,v+\varepsilon)\cdot\bar{b}_\varrho(u+\varepsilon,v)\sin\bar{\gamma}(u,v)$ = doppelter Flächeninhalt des 2. der Seite $c_\varrho(u,v)$ anliegenden Dreiecks (Figur 2b),

so folgt weiterhin:

3. Keilwinkel.

$$(3)\quad \left\{\begin{array}{l} \sin\varkappa_\varrho(u,v) = \dfrac{a_\varrho(u,v)\cdot D_1}{f(u,v)\cdot\bar{f}(u,v-\varepsilon)}, \\ \sin\lambda_\varrho(u,v) = \dfrac{b_\varrho(u,v)\cdot D_2}{f(u,v)\cdot\bar{f}(u-\varepsilon,v)}, \\ \sin\mu_\varrho(u,v) = \dfrac{c_\varrho(u,v)\cdot D_3}{f(u,v)\cdot\bar{f}(u,v)}, \end{array}\right.$$

wobei

$$\left.\begin{matrix} D_1 \\ D_2 \\ D_3 \end{matrix}\right\} \equiv \begin{vmatrix} \cdot & \cdot & \cdot & \cdot \\ x(u,v) & y(u,v) & z(u,v) & 1 \\ x(u+\varepsilon,v) & y(u+\varepsilon,v) & z(u+\varepsilon,v) & 1 \\ x(u,v+\varepsilon) & y(u,v+\varepsilon) & z(u,v+\varepsilon) & 1 \end{vmatrix};$$

in die 1. Zeile ist bzw. einzufügen:

$$\begin{vmatrix} x(u+\varepsilon,v-\varepsilon) & y(u+\varepsilon,v-\varepsilon) & z(u+\varepsilon,v-\varepsilon) & 1 \end{vmatrix}, \text{ oder}$$
$$\begin{vmatrix} x(u-\varepsilon,v+\varepsilon) & y(u-\varepsilon,v+\varepsilon) & z(u-\varepsilon,v+\varepsilon) & 1 \end{vmatrix}, \text{ oder}$$
$$\begin{vmatrix} x(u+\varepsilon,v+\varepsilon) & y(u+\varepsilon,v+\varepsilon) & z(u+\varepsilon,v+\varepsilon) & 1 \end{vmatrix}.$$

Bei Zugrundelegung eines Koordinatensystems mit Rechtsschraubensinn der x, y, z Achsen werden die Determinanten positiv, wenn die Knicke bei a_ϱ, b_ϱ, c_ϱ für den Beschauer der Figur 2 konvex erscheinen. Die Vorzeichen von $\varkappa_\varrho$ u. s. f. stimmen also mit der auf Seite 310 getroffenen Festsetzung überein, wenn die Vorderseite der Figur 2 als Außenseite aufgefaßt wird; d. h. die positive u-Richtung ($v =$ const.), die positive v-Richtung ($u =$ const.) und die Richtung von der Innenseite nach der Außenseite folgen im Sinne einer Rechtsschraube aufeinander.

Die Formeln (1), (2), (3) gelten allgemein für jedes $[\Delta_\varrho]$ bei endlichem ϱ (und endlichem ε).

Der Grenzübergang $\varrho \to \infty$ des infinitesimalen Sehnendreiecksflachs führt wegen der Differenzierbarkeitsvoraussetzungen für x, y, z zu folgender für $\varepsilon \to 0$ geltenden Entwicklung:

$$(1') \qquad a_\varrho(u,v) = \varepsilon\, a(u,v) + \varepsilon^2 a^*(u,v) \quad (b_\varrho, c_\varrho \text{ analog})$$

$$\left.\begin{aligned} \alpha_\varrho(u,v) &= \alpha(u,v) + \varepsilon\, \alpha^*(u,v) + \varepsilon^2 \alpha^{**}(u,v) \\ \bar{\alpha}_\varrho(u,v) - \alpha_\varrho(u,v) &= \varepsilon\, \varphi(u,v) + \varepsilon^2 \varphi^*(u,v) \end{aligned}\right\} \begin{matrix} \beta_\varrho, \bar{\beta}_\varrho, \chi; \gamma_\varrho, \bar{\gamma}_\varrho, \psi \\ \text{analog} \end{matrix}$$

$$(2') \qquad \begin{aligned} &\alpha + \beta + \gamma = \pi, \\ &\alpha^* + \beta^* + \gamma^* = 0, \qquad \alpha^{**} + \beta^{**} + \gamma^{**} = 0, \\ &\varphi + \chi + \psi = 0, \qquad \varphi^* + \chi^* + \psi^* = 0, \end{aligned}$$

$$(3') \qquad \varkappa_\varrho(u,v) = \varepsilon\, \varkappa(u,v) + \varepsilon^2 \varkappa^*(u,v) \quad (\lambda_\varrho\, \mu_\varrho \text{ analog})$$

Die mit Stern versehenen Funktionen werden in den Ergebnissen nicht vorkommen. Es genügt daher für die übrigen Funktionen den Zusammenhang mit den Koordinaten $x(u,v)$, $y(u,v)$, $z(u,v)$ abzuleiten.

Dabei gebrauchen wir zur Abkürzung die (in der Flächentheorie üblichen) Bezeichnungen:

$$E = x_u^2 + y_u^2 + z_u^2, \quad F = x_u x_v + y_u y_v + z_u z_v, \quad G = x_v^2 + y_v^2 + z_v^2;$$

$$L = \frac{1}{\sqrt{EG - F^2}} \cdot \begin{vmatrix} x_{uu} & y_{uu} & z_{uu} \\ x_u & y_u & z_u \\ x_v & y_v & z_v \end{vmatrix},$$

M bzw. N sollen durch dieselbe Formel wie L definiert sein, wenn man die erste Zeile der Determinante ersetzt durch

$$| \, x_{uv} \quad y_{uv} \quad z_{uv} \, | \quad \text{bzw.} \quad | \, x_{vv} \quad y_{vv} \quad z_{vv} \, |.$$

(Die Zeiger u, v bedeuten hier und im Folgenden partielle Differentiation.)

Die Rechnung verläuft dann folgendermaßen:

1. Dreiecksseiten.

Nach Gleichung (1) Seite 315 ist

$$a_\varrho^2 (u, v) = \varepsilon^2 (x_u^2 + y_u^2 + z_u^2).$$

Daraus und aus der analogen Beziehung für b_ϱ, c_ϱ kommt

$$(1'') \quad a(u, v) = \sqrt{E}, \quad b(u, v) = \sqrt{G}, \quad c(u, v) = \sqrt{E + 2F + G}.$$

2. Dreieckswinkel.

Durch Einsetzen der Beziehungen

$$a_\varrho (u, v) = \varepsilon a + \varepsilon^2 a^* \text{ (analog } b_\varrho, c_\varrho),$$

$$a_\varrho (u, v + \varepsilon) = \varepsilon a + \varepsilon^2 (a^* + a_v), \quad b_\varrho (u + \varepsilon, v) = \varepsilon b + \varepsilon^2 (b^* + b_u),$$

ferner

$$\cos \alpha_\varrho (u, v) = \cos (\alpha + \varepsilon \alpha^*) = \cos \alpha + \varepsilon \alpha^* \sin \alpha,$$

$$\cos \bar{\alpha}_\varrho (u, v) = \cos (\alpha + \varepsilon (\alpha^* + \varphi)) = \cos \alpha + \varepsilon (\alpha^* + \varphi) \sin \alpha,$$

$$\text{(analog } \beta_\varrho, \bar{\beta}_\varrho \text{ u. s. f.)}$$

folgt aus jeder der Gleichungen (2) Seite 315 durch Vergleichung der von ε freien Glieder

$$\left.\begin{aligned}\cos\alpha(u,v)&=\frac{F+G}{\sqrt{G(E+2F+G)}},\\ \cos\beta(u,v)&=\frac{F+E}{\sqrt{E(E+2F+G)}},\\ \cos\gamma(u,v)&=\frac{F}{\sqrt{EG}}.\end{aligned}\right\}\alpha+\beta+\gamma\equiv\pi. \tag{2''a}$$

Durch Elimination von $c_\varrho^2(u, v)$ aus den 2 ersten Gleichungen (2) Seite 315 findet man:

$$a_\varrho^2(u,v)-b_\varrho^2(u,v)+2\,b_\varrho(u,v)\,c_\varrho(u,v)\cos\alpha_\varrho(u,v)=$$
$$a_\varrho^2(u,v+\varepsilon)-b_\varrho^2(u+\varepsilon,v)+2\,b_\varrho(u+\varepsilon,v)c_\varrho(u,v)\cos\bar{\alpha}_\varrho(u,v).$$

Substituiert man hier die Funktionen a, α, φ u. s. f., dann verschwindet das von ε freie Glied identisch. Der Faktor des Gliedes ε, nämlich

$$2\,(a\,a_v-b\,b_u+c\,b_u\cos\alpha-\varphi\,b\,c\sin\alpha)$$

enthält die mit Stern versehenen Funktionen a^*, α^*, φ^* u. s. f. nicht und führt durch Nullsetzung zur Bestimmung der Funktion φ. In analoger Weise lassen sich χ, ψ berechnen und man findet damit folgende Formeln:

$$\left.\begin{aligned}\varphi&=\frac{G\,E_v+F\,G_u}{2\,G\sqrt{E\,G-F^2}},\\ \chi&=\frac{E\,G_u+F\,E_v}{2\,E\sqrt{E\,G-F^2}},\\ \psi&=\frac{G\,E_v\,(E+F)+E\,G_u\,(G+F)}{2\,E\,G\sqrt{E\,G-F^2}}.\end{aligned}\right\}\varphi+\chi+\psi\equiv 0. \tag{2''b}$$

3. Keilwinkel.

Zunächst berechnen wir die Seite 316 angegebenen Determinanten:

$$D_1=\varepsilon^4\,(N-M\sqrt{E\,G-F^2},$$
$$D_2=\varepsilon^4\,(L-M\sqrt{E\,G-F^2},$$
$$D_3=\varepsilon^4\,M\sqrt{E\,G-F^2}.$$

Außerdem hat man nach (2″) für die auf Seite 315 eingeführten Flächengrößen $\left.\begin{matrix} f(u,v) \\ \bar{f}(u,v) \end{matrix}\right\} = \varepsilon^2 \sqrt{EG - F^2}$; durch Einsetzen in die Gleichungen (3) Seite 315 kommt:

$$(3'') \qquad \left\{ \begin{aligned} \varkappa(u,v) &= \frac{\sqrt{E}\,(N - M)}{\sqrt{EG - F^2}}, \\ \lambda(u,v) &= \frac{\sqrt{G}\,(L - M)}{\sqrt{EG - F^2}}, \\ \mu(u,v) &= \frac{\sqrt{E + 2F + G}\,M}{\sqrt{EG - F^2}}. \end{aligned} \right\}$$

Durch die Formeln (1″) und (3″) ist zum Ausdruck gebracht, daß die 6 von uns eingeführten Funktionen $a, b, c; \varkappa, \lambda, \mu$ in einfacher Weise mit den 6 Fundamentalgrößen $E, F, G; L, M, N$ zusammenhängen. Dabei haben die a, b, c und $\varkappa, \lambda, \mu$ eine anschauliche Bedeutung, nämlich:

a, b, c = Grenzwerte der ϱ-fachen Dreiecksseiten von Δ_ϱ,
$\varkappa, \lambda, \mu$ = Grenzwerte der ϱ-fachen Keilwinkel von Δ_ϱ,

in dem System der Sehnen-Dreiecksflache Δ_ϱ für $\varrho \to \infty$ (Seite 308).

§ 5. Die Gleichungen von Mainardi-Codazzi und Gauss.

In § 3 sind die notwendigen und hinreichenden Bedingungen (I), (II 1), (II 2) zusammengestellt, welche für ein **beliebiges Dreiecksflach** zwischen den Seiten und Winkeln erfüllt sein müssen. Mit Hilfe der in § 4 abgeleiteten Formeln sollen jetzt die Bedingungen (I), (II 1), (II 2) für **infinitesimale Sehnendreiecksflache** $[\Delta_\varrho]$ berechnet werden ($\varrho \to \infty$).

I. Ungleichung zwischen den Dreiecksseiten ((I) Seite 311):

Durch Einsetzen von (1′) folgt aus jeder der beiden Ungleichungen

$$(I') \qquad \boxed{a + b > c}$$

und durch Einsetzen von (1″) weiter: $\sqrt{E} + \sqrt{G} > \sqrt{E + 2F + G}$, d. h. nach Beseitigung der Quadratwurzeln

$$(I'') \qquad \boxed{EG - F^2 > 0}\,.$$

II 1) Schliessungssätze ((II 1) Seite 312):

Um die in § 3 erklärten Ausdrücke A und B für $\varrho \to \infty$ zu berechnen, verfahren wir folgendermaßen:

Das (zunächst endliche) Kugelsechseck $[\Sigma]$ (Figur 4b) wird vom Mittelpunkt der Einheitskugel aus auf die Tangentenebene etwa des Eckpunktes Q projiziert. Dadurch entsteht ein ebenes Sechseck $[\Sigma_e]$, dessen Seiten und Außenwinkel mit $s_1, s_2, \ldots s_6$; $\omega_1, \omega_2, \ldots \omega_6$ bezeichnet seien (Figur 8).

Die Projektion des Sechsecks parallel und senkrecht zur Seite s_1 gibt dann in leicht verständlicher Schreibweise:

$$\left.\begin{matrix} A_e \\ B_e \end{matrix}\right\} = s_1 \cdot \left\{\begin{matrix} 1 \\ 0 \end{matrix}\right. + s_2 \left\{\begin{matrix} \cos \\ \sin \end{matrix}\right. \omega_2 + s_3 \left\{\begin{matrix} \cos \\ \sin \end{matrix}\right. (\omega_2 + \omega_3) + \ldots$$
$$+ s_6 \left\{\begin{matrix} \cos \\ \sin \end{matrix}\right. (\omega_2 + \omega_3 + \ldots + \omega_6).$$

Für $\varrho \to \infty$, $\varepsilon \to 0$ unterscheiden sich die Längen der ebenen Figur $[\Sigma_e]$ von den entsprechenden Längen der sphärischen Figur $[\Sigma]$ um Zusätze der Größenordnung ε^3 und dementsprechend die Winkel um Zusätze der Größenordnung ε^2. Die Seiten und Winkel der ebenen Figur $[\Sigma_e]$ werden infolgedessen durch dieselben Gleichungen (1″), (2″) wie für das sphärische Sechseck $[\Sigma]$ bestimmt; ferner wird

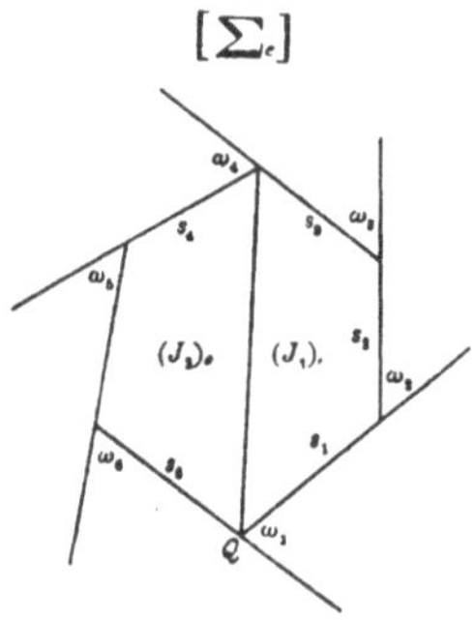

Figur 8

$$\frac{A_e}{A} = 1, \qquad \frac{B_e}{B} = 1.$$

Die einzelnen Seiten und Winkel des ebenen Sechsecks $[\Sigma_e]$ berechnen sich (wie der Vergleich der Figuren 4b und 8 zeigt) für $\varepsilon \to 0$ folgendermaßen:

$$\begin{aligned}
s_2 &= \varepsilon\varkappa + \varepsilon^2\varkappa^*, & \omega_2 &= \beta + \varepsilon(\beta^* + \chi - \beta_v),\\
s_3 &= \varepsilon\lambda + \varepsilon^2\lambda^*, & \omega_3 &= \gamma + \varepsilon\gamma^*,\\
s_4 &= \varepsilon\mu + \varepsilon^2(\mu^* - \mu_u), & \omega_4 &= \alpha + \varepsilon(\alpha^* + \varphi - \alpha_u),\\
s_5 &= \varepsilon\varkappa + \varepsilon^2(\varkappa^* - \varkappa_u), & \omega_5 &= \beta + \varepsilon(\beta^* - \beta_u),\\
s_6 &= \varepsilon\lambda + \varepsilon^2(\lambda^* - \lambda_v), & \omega_6 &= \gamma + \varepsilon(\gamma^* + \psi - \gamma_u - \gamma_v),\\
s_1 &= \varepsilon\mu + \varepsilon^2(\mu^* - \mu_v), & \omega_1 &= \alpha + \varepsilon(\alpha^* - \alpha_v).
\end{aligned}$$

Durch Einsetzen in die Gleichungen $A_e = 0$, $B_e = 0$ und unter Berücksichtigung der Bedingungen $\alpha + \beta + \gamma = \pi$, $\alpha^* + \beta^* + \gamma^* = 0$, $\varphi + \chi + \psi = 0$ kommt:

$$[\mu + \varepsilon(\mu^* - \mu_v)]\begin{cases}1\\0\end{cases} + [\mu + \varepsilon(\mu^* - \mu_u)]\begin{cases}\cos\\ \sin\end{cases}(\pi - \varepsilon(\psi + \beta_v + \alpha_u))$$

$$+ [\varkappa + \varepsilon\varkappa^*]\begin{cases}\cos\\ \sin\end{cases}(\beta + \varepsilon(\beta^* + \chi - \beta_v))$$

$$+ [\varkappa + \varepsilon(\varkappa^* - \varkappa_u)]\begin{cases}\cos\\ \sin\end{cases}(\pi + \beta + \varepsilon(\beta^* - \psi - \beta_v + \gamma_u))$$

$$+ [\lambda + \varepsilon\lambda^*]\begin{cases}\cos\\ \sin\end{cases}(\pi - \alpha + \varepsilon(-\alpha^* + \chi - \beta_v))$$

$$+ [\lambda + \varepsilon(\lambda^* - \lambda_v)]\begin{cases}\cos\\ \sin\end{cases}(2\pi - \alpha + \varepsilon(-\alpha^* + \alpha_v)) = 0.$$

Entwickelt man den Ausdruck nach Potenzen von ε, so verschwindet das von ε freie Glied identisch und durch Nullsetzen des Faktors von ε ergeben sich bzw. folgende beiden Gleichungen:

$$\text{(a)}\quad \mu_u - \mu_v + \varkappa_u \cos\beta$$
$$+ \varkappa(\varphi + \gamma_u)\sin\beta - \lambda_v \cos\alpha - \lambda(\chi + \gamma_v)\sin\alpha = 0,$$
$$\text{(b)}\quad \mu(\psi + \alpha_u + \beta_v)$$
$$+ \varkappa_u \sin\beta - \varkappa(\varphi + \gamma_u)\cos\beta + \lambda_v \sin\alpha - \lambda(\chi + \gamma_v)\cos\alpha = 0.$$

Durch die Zusammenfassung (a) $\sin\alpha$ + (b) $\cos\alpha = 0$, — (a) $\sin\beta$ + (b) $\cos\beta = 0$ gewinnt man die beiden in u, v symmetrischen Bedingungen:

$$\text{(II 1')}\quad \boxed{\begin{aligned}&(\mu_u - \mu_v)\sin\alpha + \varkappa_u \sin\gamma + \varkappa(\varphi + \gamma_u)\cos\gamma - \lambda(\chi + \gamma_v) + \mu(\psi + \alpha_u + \beta_v)\cos\alpha = 0\\ &(\mu_v - \mu_u)\sin\beta + \lambda_v \sin\gamma + \lambda(\chi + \gamma_v)\cos\gamma - \varkappa(\varphi + \gamma_u) + \mu(\psi + \beta_v + \alpha_u)\cos\beta = 0\end{aligned}}$$

Führt man in (II 1') durch die Substitutionen (1"), (2"), (3") Seite 317, 318, 319 die Fundamentalgrößen E, F, G, L, M, N ein, so gehen aus (II 1'), mit $\sqrt{G}$ bzw. $\sqrt{E}$ multipliziert, die beiden Mainardi-Codazzischen Gleichungen hervor:

$$(\mathrm{II}\,1'')\quad \left\{\begin{aligned} &\frac{\partial}{\partial u}\left(\frac{N}{\sqrt{EG-F^2}}\right)-\frac{\partial}{\partial v}\left(\frac{M}{\sqrt{EG-F^2}}\right)-\frac{FG_v-2GF_v+GG_u}{2(EG-F^2)^{3/2}}L \\ &\qquad -\frac{GE_v-FG_u}{(EG-F^2)^{3/2}}M+\frac{GE_u+FE_v-2FF_u}{2(EG-F^2)^{3/2}}N=0, \\ &\frac{\partial}{\partial v}\left(\frac{L}{\sqrt{EG-F^2}}\right)-\frac{\partial}{\partial u}\left(\frac{M}{\sqrt{EG-F^2}}\right)-\frac{FE_u-2EF_u+EE_v}{2(EG-F^2)^{3/2}}N \\ &\qquad -\frac{EG_u-FE_v}{(EG-F^2)^{3/2}}M+\frac{EG_v+FG_u-2FF_v}{2(EG-F^2)^{3/2}}L=0. \end{aligned}\right.$$

II 2) **Flächensatz** ((II 2) Seite 312).

Auch hier gehen wir aus von dem Zentralriß $[\Sigma_e]$ des Kugelsechsecks $[\Sigma]$ in der Berührebene von Q.

Die Kugelvierecke mit den Flächen (J_1), (J_2) (Fig. 5 S. 312) gehen dabei über in ebene Vierecke mit den aus Figur 8 ablesbaren Flächeninhalten

$$(J_1)_e=\tfrac{1}{2}s_1 s_2 \sin\omega_2+\tfrac{1}{2}s_2 s_3\sin\omega_3+\tfrac{1}{2}s_3 s_1\sin(\omega_2+\omega_3),$$
$$(J_2)_e=\tfrac{1}{2}s_4 s_5 \sin\omega_5+\tfrac{1}{2}s_5 s_6\sin\omega_6+\tfrac{1}{2}s_6 s_4\sin(\omega_5+\omega_6).$$

Durch die Substitutionen Seite 320 folgt daraus:

$$\left.\begin{matrix}(J_1)_e\\(J_2)_e\end{matrix}\right\}=\frac{\varepsilon^2}{2}(\lambda\,\mu\sin\alpha+\mu\,\varkappa\sin\beta+\varkappa\,\lambda\sin\gamma).$$

Weil nun die sphärischen und ebenen Flächeninhalte für $\varepsilon\to 0$ in der Größenordnung ε^2 übereinstimmen, gilt ebenso

$$(J_1)+(J_2)=\varepsilon^2(\lambda\,\mu\sin\alpha+\mu\,\varkappa\sin\beta+\varkappa\,\lambda\sin\gamma).$$

Schließlich ist noch die Summe der Außenwinkel im Kugelsechseck $[\Sigma]$ zu berechnen; da wir hierbei die Beträge ε^2 nicht vernachlässigen dürfen, sind die auf Seite 320 angegebenen Werte für die Winkel in folgender Weise (vgl. Seite 316) zu vervollständigen, indem wir die Potenzentwicklungen bis zu den quadratischen Gliedern von ε weiterführen:

$$\begin{aligned}
\omega_1 &= \alpha + \varepsilon(\alpha^* - \alpha_v) && + \varepsilon^2(\alpha^{**} - \alpha_v^* - \tfrac{1}{2}\alpha_{vv}),\\
\omega_2 &= \beta + \varepsilon(\beta^* + \chi - \beta_v) && + \varepsilon^2(\beta^{**} - \beta_v^* + \chi^* - \chi_v - \tfrac{1}{2}\beta_{vv}),\\
\omega_3 &= \gamma + \varepsilon\gamma^* && + \varepsilon^2\gamma^{**},\\
\omega_4 &= \alpha + \varepsilon(\alpha^* + \varphi - \alpha_u) && + \varepsilon^2(\alpha^{**} - \alpha_u^* + \varphi^* - \varphi_u - \tfrac{1}{2}\alpha_{uu}),\\
\omega_5 &= \beta + \varepsilon(\beta^* - \beta_u) && + \varepsilon^2(\beta^{**} - \beta_u^* - \tfrac{1}{2}\beta_{uu}),\\
\omega_6 &= \gamma + \varepsilon(\gamma^* + \psi - \gamma_u - \gamma_v)\\
&\quad + \varepsilon^2(\gamma^{**} - \gamma_u^* - \gamma_v^* + \psi^* - \psi_u - \psi_v - \tfrac{1}{2}\gamma_{uu} - \tfrac{1}{2}\gamma_{vv} + \gamma_{uv}).
\end{aligned}$$

Die Summation liefert:

$$\omega_1 + \omega_2 + \cdots + \omega_6 = 2\pi + \varepsilon^2(\varphi_v + \chi_u + \gamma_{uv}).$$

Durch Einsetzen in (II 2) Seite 312 folgt somit durch Nullsetzen des Faktors von ε^2 die gesuchte Beziehung:

$$\text{(II 2')} \quad \boxed{\lambda\mu\sin\alpha + \mu\varkappa\sin\beta + \varkappa\lambda\sin\gamma + \gamma_{uv} + \varphi_v + \chi_u = 0}$$

Durch die Substitutionen (2″), (3″) Seite 318, 319 und Division mit $\sqrt{EG - F^2}$ ergibt sich die Gaußsche Formel für das Krümmungsmaß:

$$\text{(II 2″)} \quad \boxed{\begin{aligned}&\frac{LN - M^2}{EG - F^2}\\ &= \frac{1}{2\sqrt{EG - F^2}}\left(\frac{\partial}{\partial u}\frac{FE_v - EG_u}{E\sqrt{EG - F^2}} + \frac{\partial}{\partial v}\frac{2EF_u - EE_v - FE_u}{E\sqrt{EG - F^2}}\right).\end{aligned}}$$

Die geometrische Entwicklung der Gleichungen (II 1″), (II 2″) steht an Kürze hinter den üblichen analytischen Ableitungen zurück. Dafür gewährt sie einen unmittelbaren Einblick in die rein geometrischen Zusammenhänge und ordnet die Mainardi-Codazzischen und die Gaußsche Gleichung drei allgemeineren, d. h. für beliebige Dreiecksflache geltenden Sätzen unter. Nebenbei ergibt sich auch eine anschauliche Definition des Krümmungsmaßes $K = \frac{LN - M^2}{EG - F^2}$; nach (II 2′) steht nämlich der auf Seite 313 eingeführte Lücken- oder Überdeckungswinkel mit dem Krümmungsmaß in folgender Beziehung:

Bildet man in einem sechskantigen Knotenpunkt P eines Sehnendreiecksflachs $[\varDelta_\varrho]$ den Ausdruck

$$K_\varrho = 3 \cdot \frac{\text{Spalt- (oder Überdeckungs-)winkel}}{\text{Fläche der 6 Dreiecke am Knotenpunkt } P},$$

so ist $\lim\limits_{\varrho \to \infty} K_\varrho =$ Krümmungsmaß K im Punkte P.

Verallgemeinerung und neuer Beweis einiger Sätze Tauberscher Art.

Von **Otto Szász** in Frankfurt a. Main.

Vorgelegt von O. Perron in der Sitzung am 9. November 1929.

Einleitung.

In neueren Untersuchungen spielt der folgende Satz von Hardy und Littlewood [3][1]) eine wichtige Rolle:

Satz D: Die Dirichletsche Reihe $f(s) = \sum_{\nu=1}^{\infty} a_\nu e^{-\lambda_\nu s}$, wobei

(1) $0 < \lambda_1 < \lambda_2 < \cdots, \; \lambda_n \to \infty, \; \frac{\lambda_{n+1}}{\lambda_n} \to 1$ für $n \to \infty$,

sei für $s > 0$ konvergent; ferner sei

(2) $a_\nu \geqq 0, \; f(s) \sim A s^{-\alpha}$ für $s \to 0, \; A > 0, \; \alpha \geqq 0$;

dann ist

(3) $A_n = a_1 + a_2 + \cdots + a_n \sim \frac{A \lambda_n^\alpha}{\Gamma(1+\alpha)}$ für $n \to \infty$.

Im folgenden zeige ich, daß man die Bedingung $\frac{\lambda_{n+1}}{\lambda_n} \to 1$ streichen kann; ich beweise gleich den entsprechenden Satz für die Integrale $\int_0^\infty A(x) e^{-xs} dx$. Hierdurch wird die Beweisanordnung einfacher und durchsichtiger. Die Dirichletschen Reihen sind hierin enthalten, denn es ist zunächst, falls nur die Dirichletsche Reihe für $s > 0$ konvergiert[2]),

---

[1]) Die Nummern beziehen sich auf die am Schlusse angeführte Literatur.

[2]) Ohne (2) vorauszusetzen.

$$f(s) = s\sum_1^{\infty} A_\nu \int_{\lambda_\nu}^{\lambda_{\nu+1}} e^{-xs}\, dx\ ^{1)};$$

die rechte Seite konvergiert sogar absolut für $s > 0$. Setzt man also

(R) $A(x) = 0$ für $0 \leqq x < \lambda_1$, $A(x) = A_\nu$ für $\lambda_\nu \leqq x < \lambda_{\nu+1}$, $\nu = 1, 2, \ldots$,

so wird

$$f(s) = s\int_0^{\infty} A(x)\, e^{-xs}\, dx;$$

$A(x)$ ist streckenweise konstant und im Falle der Bedingung (2) nichtnegativ, niemals abnehmend[2]).

Der zu beweisende Hauptsatz lautet nun:

Satz I: Es sei $A(x) \geqq 0$, nicht abnehmend, und das Integral

(4) $$f(s) = s\int_0^{\infty} A(u)\, e^{-us}\, du$$ sei für $s > 0$ konvergent;

ferner sei

(5) $$f(s) \sim A s^{-\alpha},\ A > 0,\ \alpha \geqq 0,\ s \to 0;$$

dann ist

$$A(x) \sim \frac{A \cdot x^{\alpha}}{\Gamma(1+\alpha)},\ x \to \infty.$$

Aus diesem Satz ergeben sich dann auf ganz einfache Weise Verallgemeinerungen bekannter „Tauberian theorems"[3]).

Die hier dargestellten Ergebnisse habe ich schon in meinem in der „Mathematischen und physikalischen Gesellschaft" zu Budapest am 18. April 1929 gehaltenen Vortrage erwähnt[4]), und etwas ausführlicher am 17. September 1929 anläßlich der Tagung der „Deutschen Mathematiker-Vereinigung" in Prag vorgetragen. Vor wenigen Wochen erschien eine Arbeit von Hardy und Littlewood [5], mit der sich meine Arbeit berührt[5]).

---

[1]) Dies folgt durch Anwendung der Abelschen Umformung und der bekannten Formel
$$A_n = O(e^{\delta\lambda_n}) \text{ für jedes feste } \delta > 0.$$

[2]) Das heißt $A(x_1) \geqq A(x_2)$ für $x_1 > x_2$.

[3]) Der Übergang von der ganzzahligen Veränderlichen ν zur stetigen x gestattet auch eine Verschärfung des Satzes **D**; vgl. den Schluß des § 1.

[4]) Vgl. O Szász **11**, insbes. S. 17—22.

[5]) Vgl. ferner Landau, Monatsh. f. Math. u. Phys. 1907, 8—28; Doetsch, Math. Ann. 82 (1920), 68—82.

§ 1. Beweis des Hauptsatzes.

Ich beweise zunächst den

Satz 1. Es sei $A(x) \geqq 0$, nicht abnehmend, und das Integral $f(s) = s\int\limits_0^\infty A(u)\,e^{-us}\,du$ sei für $s > 0$ konvergent; ferner sei $f(s) = O(s^{-a})$; dann ist

(6) $$A(x) = O(x^a) \quad \text{für} \quad x \to \infty.$$

Aus den Voraussetzungen folgt nämlich für jedes $x > 0$

$$f(s) \geq s\,A(x)\int\limits_x^\infty e^{-us}\,du = A(x)\,e^{-xs},$$

also für $s = \frac{1}{x} \to 0$

$$A(x) \leqq e f\left(\frac{1}{x}\right) = O(x^a). \quad \text{Qu. e. d.}$$

Zur Herleitung weiterer Hilfssätze benutze ich noch ein

Lemma von Littlewood:

Es sei

$$\psi(s) \to c \quad \text{für} \quad s \to +0,$$

und

$$s^r\,\psi^{(r)}(s) \quad \text{beschränkt bei festem} \quad r = 1, 2, \ldots;$$

dann ist

$$s^r\,\psi^{(r)}(s) \to 0, \quad s \to 0, \quad r = 1, 2, \ldots$$ [1]).

Diesen Satz wende ich auf die Funktion $s^a f(s) = \psi(s)$ an. Setzt man zur Abkürzung

$$(-1)^r\int\limits_0^\infty x^r A(x)\,e^{-xs}\,dx = J_r(s), \quad r = 0, 1, 2, \ldots,$$

so ist offenbar

$$J_0^{(r)}(s) = J_r(s), \quad J_0(s) = s^{-1} f(s) = s^{-(a+1)}\,\psi(s).$$

Wegen (6) konvergieren diese Integrale für $s > 0$, und es ist

$$J_r(s) = O\left(\int\limits_0^\infty x^{r+a}\,e^{-xs}\,dx\right) = 0\,(s^{-(r+a+1)}),$$

---

[1]) Littlewood, 8, S. 438.

ferner

$$\frac{d^r}{ds^r}[s^a f(s)] = \frac{d^r}{ds^r}[s^{a+1} J_0(s)] = s^{a+1} J_r(s)$$

$$+ \sum_{\nu=1}^{r} (a+1)\cdots(a-\nu+2)\binom{r}{\nu} s^{a-\nu+1} J_{r-\nu}(s) = O(s^{-r}).$$

Somit ist

(7) $$s^{(r)}\psi^{(r)}(s) \to 0 \quad \text{für} \quad s \to 0,\ r = 1, 2, 3, \ldots.$$

Nun ist

$$J_r(s) = \frac{d^r}{ds^r}[s^{-(a+1)}\psi(s)]$$

$$= \sum_{\nu=0}^{r} \binom{r}{\nu} (-1)^\nu \frac{\Gamma(a+\nu+1)}{\Gamma(a+1)} s^{-(a+\nu+1)} \psi^{(r-\nu)}(s),$$

also mit Rücksicht auf (5) und (7)

$$s^{a+r+1} J_r(s) \to (-1)^r \frac{\Gamma(a+r+1)}{\Gamma(a+1)} \cdot A \quad \text{für} \quad s \to 0$$ [1].

Somit gilt der

Satz 2. Unter den Voraussetzungen des Satzes I ist

(8) $$\int_0^\infty x^r A(x) e^{-xs} dx \sim s^{-(a+r+1)} A \cdot \frac{\Gamma(a+r+1)}{\Gamma(a+1)},$$

$$r = 1, 2, 3, \ldots.$$

Schließlich brauche ich zwei Integral-Ungleichungen, nämlich den

Satz 3. Für $0 < a < 1 < b$, $\varrho > 1$ gilt

(9) $$\int_0^{a\varrho} x^\varrho e^{-x} dx < \left(\frac{a}{1-a}\right)^2 \frac{\Gamma(\varrho+1)}{\varrho - 1}$$

(10) $$\int_{b\varrho}^\infty x^\varrho e^{-x} dx < \left(\frac{1}{b-1}\right)^2 \frac{(\varrho+2)\Gamma(\varrho+1)}{\varrho^2}.$$

Es ist nämlich erstens für $\varrho > 1$

[1]) Vgl. auch Hardy und Littlewood, 4, Lemma 7.

$$\int_0^\infty \left(\frac{\varrho}{x}-1\right)^2 x^\varrho e^{-x}\,dx$$

$$= \varrho^2 \int_0^\infty x^{\varrho-2} e^{-x}\,dx - 2\varrho \int_0^\infty x^{\varrho-1} e^{-x}\,dx + \int_0^\infty x^\varrho e^{-x}\,dx$$

$$= \varrho^2 \Gamma(\varrho-1) - 2\varrho\,\Gamma(\varrho) + \Gamma(\varrho+1) = \frac{\Gamma(\varrho+1)}{\varrho-1}$$

$$> \int_0^{a\varrho} \left(\frac{\varrho}{x}-1\right)^2 x^\varrho e^{-x}\,dx > \left(\frac{1}{a}-1\right)^2 \int_0^{a\varrho} x^\varrho e^{-x}\,dx.$$

Zweitens ist

$$\int_0^\infty (x-\varrho)^2 x^\varrho e^{-x}\,dx = \Gamma(\varrho+3) - 2\varrho\,\Gamma(\varrho+2) + \varrho^2\,\Gamma(\varrho+1)$$

$$= (\varrho+2)\,\Gamma(\varrho+1) > \int_{b\varrho}^\infty (x-\varrho)^2 x^\varrho e^{-x}\,dx > \varrho^2 (b-1)^2 \int_{b\varrho}^\infty x^\varrho e^{-x}\,dx.$$

Damit sind die Ungleichungen (9) und (10) bewiesen[1]).

Satz I ergibt sich nun folgendermaßen:

Ich setze für ein positives ε

$$\int_0^\infty u^r A(u)\, e^{-us}\,du = \int_0^{(1+\varepsilon)\frac{r+a}{s}} + \int_{(1+\varepsilon)\frac{r+a}{s}}^\infty = V_1 + V_2;$$

dann ist

$$(11) \qquad V_1 \leqq A\left((1+\varepsilon)\frac{r+a}{s}\right) \int_0^\infty u^r e^{-us}\,du = \frac{r!}{s^{r+1}}\,A\left((1+\varepsilon)\frac{r+a}{s}\right).$$

Ferner gibt es nach Satz 1 eine Konstante K, sodaß

$$(12) \qquad A(x) < K\cdot x^a \quad \text{für} \quad x > 1,$$

daher ist für $(1+\varepsilon)(r+a) > s$ mit Rücksicht auf (10)

$$V_2 < K \int_{(1+\varepsilon)\frac{r+a}{s}}^\infty u^{r+a} e^{-us}\,du$$

$$= K s^{-(r+a+1)} \int_{(1+\varepsilon)(r+a)}^\infty u^{r+a} e^{-u}\,du < K s^{-(r+a+1)} \frac{\Gamma(r+a+1)}{\varepsilon^2}\cdot\frac{r+a+2}{(r+a)^2},$$

---

[1]) Für $\varrho = 2, 3, \ldots$ vgl. Hardy und Littlewood, 4, Lemma 1 und 8, Lemma D 2.

also

$$(13)\qquad V_2 < \varepsilon\, s^{-(r+\alpha+1)} \frac{\Gamma(r+\alpha+1)}{\Gamma(\alpha+1)} \quad \text{für} \quad r > r_1(\varepsilon).$$

Aus (11), (8) und (13) folgt nun für $r > r_2 > r_1$

$$A\left((1+\varepsilon)\frac{r+\alpha}{s}\right) \geqq \frac{s^{r+1}}{r!} V_1 > \frac{s^{r+1}}{r!} s^{-(r+\alpha+1)} \frac{\Gamma(r+\alpha+1)}{\Gamma(\alpha+1)} ((1-\varepsilon)A-\varepsilon)$$

$$= \left(\frac{(1+\varepsilon)(r+\alpha)}{s}\right)^{\alpha} \frac{\Gamma(r+\alpha+1)}{r!(r+\alpha)^{\alpha}} \frac{(1+\varepsilon)^{-\alpha}}{\Gamma(\alpha+1)} ((1-\varepsilon)A-\varepsilon);$$

hierbei ist

$$\frac{\Gamma(r+\alpha+1)}{r!(r+\alpha)^{\alpha}} > 1-\varepsilon \quad \text{für} \quad r \geqq r_3 > r_2.$$

Hieraus folgt bei festem ε und $r = r_3$ für $s \to 0$

$$\underline{\lim}_{x\to\infty} \frac{A(x)}{x^{\alpha}} \geqq \frac{(1-\varepsilon)((1-\varepsilon)A-\varepsilon)}{(1+\varepsilon)^{\alpha}\Gamma(\alpha+1)},$$

also

$$(14)\qquad \underline{\lim} \frac{A(x)}{x^{\alpha}} \geqq \frac{A}{\Gamma(\alpha+1)}.$$

Ich setze ferner für $0 < \varepsilon < 1$

$$(15)\qquad \int_0^{\infty} u^r A(u) e^{-us} du = \int_0^{(1-\varepsilon)\frac{r+\alpha}{s}} + \int_{(1-\varepsilon)\frac{r+\alpha}{s}}^{\infty} = W_1 + W_2;$$

dann ist

$$W_2 \geqq A\left((1-\varepsilon)\frac{r+\alpha}{s}\right) \int_{(1-\varepsilon)\frac{r+\alpha}{s}}^{\infty} u^r e^{-us} du$$

$$= A\left((1-\varepsilon)\frac{r+\alpha}{s}\right) \cdot s^{-(r+1)} \int_{(1-\varepsilon)(r+\alpha)}^{\infty} u^r e^{-u} du,$$

und

$$\int_{(1-\varepsilon)(r+\alpha)}^{\infty} u^r e^{-u} du = r! - \int_0^{(1-\varepsilon)(r+\alpha)} u^r e^{-u} du$$

$$= r! - \int_0^{(1-\varepsilon)r} \tau^r e^{-\tau\left(\frac{\alpha}{r}+1\right)} \left(\frac{r+\alpha}{r}\right)^{r+1} d\tau > r! - e^{(1+\varepsilon)\alpha} \int_0^{(1-\varepsilon)r} \tau^r e^{-\tau} d\tau$$

für $r > r_4$, also nach (9)

$$W_2 \geqq A\left((1-\varepsilon)\frac{r+\alpha}{s}\right) s^{-(r+1)}\left[r! - e^{2\alpha}\left(\frac{1-\varepsilon}{\varepsilon}\right)^2 \frac{r!}{r-1}\right],$$

und somit

$$(16)\quad W_2 \geqq A\left((1-\varepsilon)\frac{r+\alpha}{s}\right) \frac{r!}{s^{r+1}}(1-\varepsilon) \quad \text{für} \quad r \geqq r_5 > r_4.$$

Aus (8), (15) und (16) folgt nun

$$A\left((1-\varepsilon)\frac{r+\alpha}{s}\right) < \frac{s^{r+1}}{r!}\frac{s^{-(r+\alpha+1)}}{1-\varepsilon}\frac{\Gamma(\alpha+r+1)}{\Gamma(\alpha+1)}(1+\varepsilon)A$$

$$= \left[(1-\varepsilon)\frac{r+\alpha}{s}\right]^\alpha \frac{\Gamma(\alpha+r+1)}{r!\,\Gamma(\alpha+1)}\,\frac{(1+\varepsilon)A}{(1-\varepsilon)^{\alpha+1}(r+\alpha)^\alpha}$$

$$< \left[(1-\varepsilon)\frac{r+\alpha}{s}\right]^\alpha \frac{(1+\varepsilon)A}{(1-\varepsilon)^{\alpha+2}\Gamma(\alpha+1)},$$

$(r \geqq r_6)$, und hieraus wie oben

$$\overline{\lim_{x\to\infty}}\,\frac{A(x)}{x^\alpha} \leqq \frac{A}{\Gamma(\alpha+1)}.$$

Dies mit (14) zusammen ergibt aber

$$\lim_{x\to\infty}\frac{A(x)}{x^\alpha} = \frac{A}{\Gamma(\alpha+1)}\cdot\text{Qu. e. d.}$$

An einer Sprungstelle kann $A(x)$ irgend einen Wert bedeuten, der zwischen $A(x-0)$ und $A(x+0)$ liegt.

Sei jetzt speziell

$$(2')\qquad f(s) = \sum a_\nu e^{-\lambda_\nu s} \sim A\, s^{-\alpha},\ \alpha > 0,\ A \neq 0,\ s \to 0,$$

es gelte also (R).

Dann folgt aus Satz I

$$\frac{A_\nu}{\lambda_\nu^\alpha} \sim \frac{A_\nu}{\lambda_{\nu+1}^\alpha}, \quad \text{also} \quad \lambda_\nu \sim \lambda_{\nu+1}.$$

Wenn also

$$\overline{\lim_{\nu \to \infty}} \frac{\lambda_{\nu+1}}{\lambda_\nu} > 1$$

ist, so kann die Beziehung (2′) nicht bestehen.

Der Satz I gilt auch für $A = 0$ in dem Sinne, daß aus $s^a f(s) \to 0$ für $s \to 0$ die Beziehung $A(x) = o(x^a)$ für $x \to \infty$ folgt.

Der Beweis ist sehr einfach, denn es ist wie beim Beweise des Satzes 1

$$A(x) \leqq e f\left(\frac{1}{x}\right) = o(x^a).$$

§ 2. **Ein allgemeines „Umkehrtheorem"**

Mit Hilfe des Satzes I beweise ich jetzt den

Satz II. Es sei $\int\limits_0^\infty A(u) e^{-us} du$ konvergent für $s > 0$, und sei

$$(17) \qquad f(s) = s \int\limits_0^\infty A(u) e^{-us} du \to A \quad \text{für} \quad s \to +0,$$

ferner sei

$$(18) \qquad \underline{\lim} \, (A(y) - A(x)) \geqq 0 \quad \text{für} \quad y > x \to \infty \quad \text{und} \quad \frac{y}{x} \to 1;$$

dann ist

$$(19) \qquad \lim_{x \to \infty} A(x) = A.$$

Zum Beweise brauche ich nur die beiden folgenden Sätze herzuleiten:

Satz III. Es existiere ein Zahlenpaar $p > 0$, $\mu > 0$, sodaß

$$(20) \qquad A(y) - A(x) > -p \quad \text{für} \quad 0 < x < y \leqq (1 + \mu) x;$$

dann folgt aus (17)

$$(21) \qquad \lim_{x \to \infty} \frac{1}{x} \int\limits_0^x A(u) du = A.$$

Satz IV. Aus (18) und (21) folgt (19).

Der Beweis des Satzes III stützt sich auf folgende Hilfssätze:

Satz a). Es sei zur Abkürzung

$$x A(x) - \int_0^x A(u)\, du = v(x),$$

$$x v(x) - \int_0^x v(u)\, du = w(x),$$

dann folgt aus (20)

$$v(y) - v(x) > -p y \quad \text{für} \quad 0 < x < y \leqq (1+\mu)x, \tag{22}$$

$$v(t) > -\frac{\mu+1}{\mu} p t, \ t > 0, \tag{22'}$$

$$w(y) - w(x) > -p y^2 \quad \text{für} \quad 0 < x < y \leqq (1+\mu)x, \tag{23}$$

$$w(t) > -p \frac{(\mu+1)^2}{\mu^2 + 2\mu} t^2, \ t > 0. \tag{23'}$$

Beweis: Es ist

$$v(y) - v(x) = y A(y) - x A(x) - \int_x^y A(u)\, du = x[A(y) - A(x)]$$

$$+ \int_x^y [A(y) - A(u)]\, du > -px - p\int_x^y du = -py.$$

Ferner ist

$$w(y) - w(x) = x[v(y) - v(x)] + \int_x^y [v(y) - v(u)]\, du > -pxy - py(y-x) = -py^2.$$

Sodann wird

$$v(t) = \sum_{\nu=1}^{\infty} [v(t(1+\mu)^{1-\nu}) - v(t(1+\mu)^{-\nu})] > -pt \sum_1^{\infty} (1+\mu)^{1-\nu}$$

$$= -pt\frac{\mu+1}{\mu},$$

$$w(t) = \sum_1^{\infty} [w(t(1+\mu)^{1-\nu}) - w(t(1+\mu)^{-\nu})] > -pt^2 \sum_1^{\infty} (1+\mu)^{2-2\nu}$$

$$= -pt^2 \frac{(\mu+1)^2}{2\mu + \mu^2}.$$

Satz b). Aus

$$\int_0^{\infty} F(u) e^{-us}\, du \to G \quad \text{für} \quad s \to 0$$

und aus

$$u\,F(u) \to 0, \quad u \to \infty$$

folgt:

$$\int_0^\infty F(u)\,du \text{ konvergiert und ist } = G\text{ [1]}.$$

Beweis: Es ist

$$\int_0^\infty F(u)\,e^{-us}\,du - \int_0^x F(u)\,du = -\int_0^x (1 - e^{-us})\,F(u)\,du$$

$$+ \int_x^\infty F(u)\,e^{-us}\,du = H_1 + H_2,$$

und für $s = \frac{1}{x}$, $x \to \infty$ ist

$$|H_1| \leqq \frac{1}{x}\int_0^x u\,|F(u)|\,du = o(1),$$

$$H_2 = o\,(\int_x^\infty u^{-1}\,e^{-u/x}\,du) = o\left(\frac{1}{x}\int_x^\infty e^{-u/x}\,du\right) = o(1).$$

Ferner brauche ich folgende Verallgemeinerung des im § 1 zitierten Lemmas von Littlewood:

Es sei

$$\psi(s) \to c \quad \text{für} \quad s \to +0,$$

und bei passender Wahl von $K > 0$

$$s^2\,\psi''(s) > -K \quad \text{für} \quad s > 0,$$

dann ist

$$s\,\psi'(s) \to 0 \quad \text{für} \quad s \to +0\text{ [2]}.$$

Der Satz III ergibt sich nun folgendermaßen:

Setzt man zur Abkürzung

$$\int_0^\infty A(u)\,du = B(x),$$

so ist

$$f'(s) = \int_0^\infty A(u)\,e^{-us}\,du - s\int_0^\infty u\,A(u)\,e^{-us}\,du$$

---

[1] Dies ist das Analogon des Tauberschen o-Satzes.

[2] Vgl. z. B. Landau, **7**, S. 54, Hilfssatz **2**; Hardy und Littlewood, **2**.

$$= - s\int_0^\infty [u\,A(u) - B(u)]\,e^{-us}\,du = - s\int_0^\infty v(u)\,e^{-us}\,du;$$

ebenso ergibt sich

$$f''(s) = s\int_0^\infty w(u)\,e^{-us}\,du\,.$$

Nach (23′) ist nun

$$f''(s) > - s\,p\,\frac{(1+\mu)^2}{\mu^2+2\mu}\int_0^\infty u^2\,e^{-us}\,du = \frac{-2p}{s^2}\,\frac{(1+\mu)^2}{\mu^2+2\mu},$$

also nach dem eben zitierten Lemma wegen (17)

$$s^2\int_0^\infty v(u)\,e^{-us}\,du \to 0 \quad \text{für} \quad s \to 0. \tag{24}$$

Ferner ist offenbar

$$s^2\int_0^\infty u\,e^{-us}\,du = 1, \tag{25}$$

also mit Rücksicht auf (24)

$$s^2\int_0^\infty \Big[v(u) + p\,\frac{1+\mu}{\mu}\,u\Big]\,e^{-us}\,du \sim p\,\frac{1+\mu}{\mu} \quad \text{für} \quad s \to 0;$$

setzt man zur Abkürzung

$$\int_0^x v(u)\,du = E(x),$$

so ergibt nun partielle Integration

$$s^3\int_0^\infty \left[E(u) + p\,\frac{1+\mu}{\mu}\,\frac{u^2}{2}\right]e^{-us}\,du \sim p\,\frac{1+\mu}{\mu},\ s \to 0.$$

Hierauf ist wegen (22′) der Satz I mit $\alpha = 2$ anwendbar, und man erhält zunächst

$$E(x) + p\,\frac{1+\mu}{\mu}\,\frac{x^2}{2} \sim p\,\frac{(1+\mu)}{\mu}\,\frac{x^2}{2},\ x \to \infty,$$

das heißt

$$E(x) = o(x^2),\ x \to \infty. \tag{26}$$

Offenbar darf ohne Einschränkung der Allgemeinheit $A(u) \to 0$ und $v(u) = o(u^2)$ für $u \to 0$ angenommen werden; dann ist auch $B(u) = o(u)$, $E(u) = o(u^3)$, $u \to 0$. Nun ergibt partielle Integration mit Rücksicht auf die Definition von $v(x)$

$$\int_0^u v(t)\,t^{-2}\,dt = \frac{1}{u}B(u) \tag{27}$$

und andererseits

$$\int_0^u v(t)\,t^{-2}\,dt = \frac{E(u)}{u^2} + 2\int_0^u E(t)\,t^{-3}\,dt,$$

ferner

$$f(s) = s^2\int_0^\infty B(u)\,e^{-us}\,du.$$

Somit wird

$$f(s) = s^2\int_0^\infty \{u\int_0^u v(t)\,t^{-2}\,dt\}\,e^{-us}\,du$$

$$= s^2\int_0^\infty\left\{\frac{E(u)}{u} + 2u\int_0^u E(t)\,t^{-3}\,dt\right\}e^{-us}\,du \to A.$$

Nun ist offenbar wegen (26) $|E(u)| < \varepsilon u^2$ für $u > u_0$, also

$$s^2\int_0^\infty \frac{E(u)}{u}\,e^{-us}\,du = s^2\int_0^{u_0} + s^2\int_{u_0}^\infty = o(1) \quad \text{[wegen (25)]}.$$

Also ist

$$2\,s^2\int_0^\infty (u\int_0^u E(t)\,t^{-3}\,dt)\,e^{-us}\,du \to A,$$

oder durch partielle Integration

$$2\,s\int_0^\infty\left\{\int_0^u E(t)\,t^{-3}\,dt + E(u)\cdot u^{-2}\right\}e^{-us}\,du \to A.$$

Hier ist wegen (26)

$$s\int_0^\infty E(u)\,u^{-2}\,e^{-us}\,du = s\int_0^{u_0} + s\int_{u_0}^\infty = o(1),$$

also wird

$$2\,s\int_0^\infty\left(\int_0^u E(t)\,t^{-3}\,dt\right)e^{-us}\,du \to A, \quad s \to 0,$$

oder nach partieller Integration

$$2\int_0^\infty E(u)\,u^{-3}\,e^{-us}\,du \to A, \quad s \to 0.$$

Hieraus und aus (26) folgt nun nach Satz b)

$$2\int_0^\infty E(u)\, u^{-3}\, du = A,$$

und nach partieller Integration mit Rücksicht auf (26)

$$\int_0^\infty \frac{v(u)}{u^2}\, du = A;$$

dies heißt aber nach (27)

$$\lim_{x \to \infty} \frac{B(x)}{x} = A,$$

oder

$$\lim_{x \to \infty} \sigma(x) = A,$$

wobei zur Abkürzung

$$\frac{1}{x} B(x) = \sigma(x)$$

gesetzt ist.

Dem Beweise des Satzes IV schicke ich folgende Bemerkung voraus:

Aus (18) folgt, daß es zu jedem $\varepsilon > 0$ ein $\lambda > 0$, $\xi > 0$ gibt, sodaß

(18′) $\quad A(y) - A(x) > -\varepsilon \quad$ für $\quad \xi < x < y \leqq (1+\lambda)\, x$

ist; denn sonst gäbe es ein ε_0 und zu jeder natürlichen Zahl ν ein Wertepaar x_ν, y_ν, für das

$$A(y_\nu) - A(x_\nu) \leqq -\varepsilon_0 \quad \text{und} \quad \nu < x_\nu < y_\nu \leqq \left(1 + \frac{1}{\nu}\right) x_\nu$$

gilt; dies ist aber im Widerspruch zu (18).

Es sei jetzt $\varepsilon > 0$ beliebig gegeben; offenbar ist

$$\begin{aligned} \frac{1}{\lambda x} \int_x^{(1+\lambda)x} A(y)\, dy &= \frac{1}{\lambda x} [(1+\lambda)\, x\, \sigma((1+\lambda)\, x) - x\, \sigma(x)] \\ &= \frac{1}{\lambda} [\sigma((1+\lambda)\, x) - \sigma(x)] + \sigma((1+\lambda)\, x), \end{aligned}$$

also

$$\begin{aligned} & A(x) - \sigma((1+\lambda)\, x) \\ = {} & \frac{1}{\lambda} [\sigma((1+\lambda)\, x) - \sigma(x)] - \frac{1}{\lambda x} \int_x^{(1+\lambda)x} [A(y) - A(x)]\, dy. \end{aligned}$$

Nun ist nach Satz III

$$\sigma((1+\lambda)x) - \sigma(x) < \varepsilon\lambda \quad \text{für} \quad x > x_0(\varepsilon),$$

somit folgt aus (18′)

$$A(x) - \sigma((1+\lambda)x) < 2\varepsilon \quad \text{für} \quad x > x_0,$$

also

$$\overline{\lim_{x\to\infty}}\,(A(x) - A) \leqq 0.$$

Analog ist

$$\frac{1+\lambda}{\lambda x}\int_{\frac{x}{1+\lambda}}^{x} A(u)\,du = \frac{1+\lambda}{\lambda x}\left[x\,\sigma(x) - \frac{x}{1+\lambda}\,\sigma\left(\frac{x}{1+\lambda}\right)\right]$$

$$= \frac{1}{\lambda}\left[\sigma(x) - \sigma\left(\frac{x}{1+\lambda}\right)\right] + \sigma(x),$$

also

$$A(x) - \sigma(x) = \frac{1}{\lambda}\left[\sigma(x) - \sigma\left(\frac{x}{1+\lambda}\right)\right]$$

$$+ \frac{1+\lambda}{\lambda x}\int_{\frac{x}{1+\lambda}}^{x}[A(x) - A(u)]\,du > -2\varepsilon \quad \text{für} \quad x > x_1(\varepsilon);$$

hieraus folgt

$$\underline{\lim_{x\to\infty}}\,(A(x) - A) \geqq 0,$$

also schließlich

$$\lim_{x\to\infty} A(x) = A. \quad \text{Qu. e. d.}$$

Anwendung auf Dirichletsche Reihen. Im Falle

$$f(s) = \sum_{1}^{\infty} a_\nu e^{-\lambda_\nu s}$$

wird aus der Bedingung (18) mit Rücksicht auf (R) $\underline{\lim}\, a_\nu \geqq 0$ und

(18″) $$\underline{\lim_{\mu>\nu}}\,(A_\mu - A_\nu) \geqq 0 \quad \text{für} \quad \frac{\lambda_\mu}{\lambda_\nu} \to 1.$$

Hierzu genügt z. B. $\underline{\lim}\, a_\nu \geqq 0$ und

(28) $$a_\nu > -C\,\frac{\lambda_\nu - \lambda_{\nu-1}}{\lambda_\nu}, \quad \nu = 1, 2, 3, \ldots,$$

denn es ist dann

$$A_\mu - A_\nu > -C\sum_{\varkappa=\nu+1}^{\mu}\frac{\lambda_\varkappa - \lambda_{\varkappa-1}}{\lambda_\varkappa} > -\frac{C}{\lambda_\nu}(\lambda_\mu - \lambda_\nu)$$

$$= -C\left(\frac{\lambda_\mu}{\lambda_\nu} - 1\right).$$

Unter der Bedingung (28) haben den Konvergenzsatz im Falle $\frac{\lambda_{\nu+1}}{\lambda_\nu} \to 1$ Hardy und Littlewood [3] bewiesen. Ohne diese Zusatzbedingung, aber mit der engeren Voraussetzung $a_n = O\left(\frac{\lambda_n - \lambda_{n-1}}{\lambda_n}\right)$, hat den Satz Herr K. Ananda-Rau [1] bewiesen.

Auch die Bedingung

$$(29) \qquad \sum_{\nu=2}^{n} \frac{\lambda_\nu^{p+1} |a_\nu|^{p+1}}{(\lambda_\nu - \lambda_{\nu-1})^p} = O(\lambda_n) \quad \text{für ein} \quad p > 0,\ n \to \infty$$

läßt sich auf (18″) zurückführen; denn die Anwendung der Hölderschen Ungleichung ergibt in diesem Falle sogar

$$(30) \qquad \lim_{\mu > \nu} |A_\mu - A_\nu| = 0 \quad \text{für} \quad \frac{\lambda_\mu}{\lambda_\nu} \to 1.$$

Unter der Bedingung (29) habe ich einen verhältnismäßig einfachen, mit den hier angewandten Überlegungen verwandten Konvergenzbeweis in meinem auf dem internationalen Kongreß zu Bologna am 4. September 1928 gehaltenen Vortrag ausgeführt[1]).

Die Bedingung (30) rührt von Herrn Landau [6] her; die von ihm weiterhin eingeführte Voraussetzung $A_n = 0(1)$ läßt sich aus den beiden andern auf elementarem Wege herleiten.

Für Potenzreihen ($\lambda_\nu = \nu$) wird aus (18″)

$$\underline{\lim}_{\mu > \nu} (A_\mu - A_\nu) \geq 0 \quad \text{für} \quad \frac{\mu}{\nu} \to 1.$$

Den entsprechenden Satz hat mit recht schwierigen Hilfsmitteln zuerst Herr Robert Schmidt [9] bewiesen; einen einfacheren Beweis gab Herr Vijayaraghavan [12][2]).

---

[1]) Vgl. hierzu im Falle der Potenzreihen Szász [10].

[2]) Zusatz bei der Korrektur (3. II. 1930). In einer kürzlich erschienenen Arbeit des Herrn Izumi (A generalization of Taubers theorem, Jap. Journal of Math. VI (1929), 235—243) wird auch unter der Bedingung (28) aber ohne die Einschränkung $\underline{\lim}\, a_\nu \geq 0$ die Konvergenz der Reihe $\sum a_\nu$ behauptet. Der Beweis enthält eine Lücke und der Satz gilt dann nicht mehr, wie aus einem neulich veröffentlichten Beispiel von Herrn Ananda-Rau (An example in the theory of summation of series by Riesz's typical means, Proc. L. M. S. (2), 30 (1930), 367—378) hervorgeht.

Literatur-Nachweis.

1. K. Ananda-Rau, On the converse of Abels theorem, Journal London Math. Soc. 3 (1928), 200—205.
2. G. H. Hardy und J. E. Littlewood, Tauberian theorems concerning power series and Dirichlets series whose coefficients are positive, Proc. London Math. Soc. (2), 13 (1914), 174—191.
3. — —, Some theorems concerning Dirichlets series, Messenger of Math. 43 (1914), 134—147.
4. — —, A further note on the converse of Abels theorem, Proc. London Math. Soc. (2), 25 (1926), 219—236.
5. — —, On Tauberian theorems, Proc. London Math. Soc. (2), 30 (1929), 23—37.
6. E. Landau, Über einen Satz des Herrn Littlewood, Rendic. Circ. Matem. Palermo 35 (1913), 265—276.
7. — —, Darstellung und Begründung einiger neuerer Ergebnisse der Funktionentheorie, 1916. 2. A. 1929.
8. J. E. Littlewood, The converse of Abels theorem on power series, Proc. London Math. Soc. (2), 9 (1911), 434—448.
9. R. Schmidt, Über divergente Folgen und lineare Mittelbildungen, Math. Zeitschrift 22 (1925), 89—152.
10. O. Szász, Verallgemeinerung eines Littlewoodschen Satzes über Potenzreihen, Journal London Math. Soc. 3 (1928), 254—262.
11. — —, Über neuere Untersuchungen im Zusammenhange mit dem Abelschen Potenzreihensatz, Mat. és Fiz. Lapok 36 (1929), 10—22.
12. T. Vijayaraghavan, A Tauberian theorem, Journal London Math. Soc. 1 (1926), 113—120.

Die Winkeldreiteilung des Schneidermeisters Kopf.

Von **Oskar Perron.**

Vorgelegt in der Sitzung am 9. November 1929.

Herr Eugen Kopf, Schneidermeister in Ludwigshafen a. Rh., behauptet, daß eine von ihm ersonnene Konstruktion mit Lineal und Zirkel die genaue Dreiteilung des Winkels leiste. Die Behauptung ist natürlich falsch, und was Herr Kopf zu ihrer Begründung anführt, steht auf keinem höheren Niveau als man es sonst bei Winkelteilern und Kreisquadrierern gewöhnt ist. Um so überraschender ist es, daß mit der Konstruktion selbst ihr Entdecker doch eine wirklich glückliche Hand bewiesen hat; denn durch rechnerische Nachprüfung fand ich, daß sie im Verhältnis zu ihrer Einfachheit eine ganz erstaunlich gute Näherung liefert. Der Fehler ist für spitze Winkel im ungünstigsten Fall nur 8′ 12″, liegt also unter der Genauigkeitsgrenze der besten handlichen Zeichnung.

Die Konstruktion findet sich nicht in den einschlägigen Büchern von Enriques und Vahlen; die dort mitgeteilten Konstruktionen sind zum Teil viel ungenauer und nicht einfacher, zum Teil nur wenig genauer und dann bedeutend komplizierter, so daß die Kopfsche Konstruktion entschieden hübscher ist. Man darf aus diesem Umstand wohl mit ziemlicher Wahrscheinlichkeit schließen, daß die Konstruktion neu ist. Aber selbst, wenn sie irgendwo in einem vergessenen alten Schmöker stehen sollte, was man bei derlei Dingen nie wissen kann, ist sie immerhin wert, der Vergessenheit entrissen zu werden.

Die Konstruktion verläuft, wenn man sie von den unnötigen Linien befreit, folgendermaßen (in der Figur sind gar keine Hilfslinien unterdrückt, nicht einmal solche, die lediglich zur Konstruktion eines rechten Winkels dienen):

Man zeichne einen Halbkreis und den zu seinem Durchmesser AB senkrechten Radius MC. Durch C zeichne man den Kreisbogen CD mit dem Mittelpunkt B. Schließlich markiere man auf der Verlängerung von AB den Punkt E so, daß $CE = AB$ ist. Ist nun $\sphericalangle AMF = x$ der gegebene spitze Winkel, so bringe man die Gerade FB mit dem Kreisbogen CD zum Schnitt in G. Verbindet man dann G mit E, so ist $\sphericalangle AEG = y$ die Kopfsche Näherung für den dritten Teil von x.

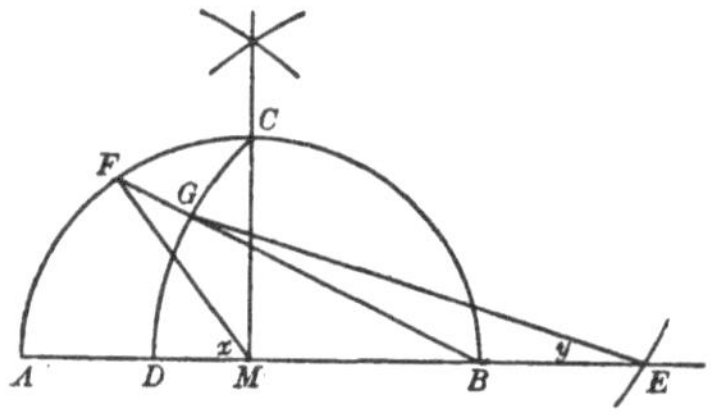

Der funktionale Zusammenhang zwischen x und y ergibt sich aus dem Dreieck GBE. Nach dem Sinussatz ist

$$\frac{\sin\left(\frac{x}{2} - y\right)}{\sin y} = \frac{\sqrt{3} - 1}{\sqrt{2}};$$

daher zunächst

$$\cot y = \frac{\sqrt{3} - 1 + \sqrt{2}\cos\frac{x}{2}}{\sqrt{2}\sin\frac{x}{2}}, \tag{1}$$

und also

$$y = \operatorname{arc\,tg} \frac{\sqrt{2}\sin\frac{x}{2}}{\sqrt{3} - 1 + \sqrt{2}\cos\frac{x}{2}}. \tag{2}$$

Um die Güte der Approximation zu finden, bilden wir den Fehler

$$f(x) = \frac{x}{3} - y. \tag{3}$$

Wenn man (2) differenziert, ergibt sich sogleich

$$f'(x) = \frac{1}{3} \cdot \frac{\sqrt{3} + 1 + \sqrt{2}\cos\frac{x}{2}}{4\left(\sqrt{3} + \sqrt{2}\cos\frac{x}{2}\right)}, \tag{4}$$

und hieraus durch nochmalige Differentiation

$$(5) \qquad f''(x) = \frac{-\sin\frac{x}{2}}{4\sqrt{2}\left(\sqrt{3}+\sqrt{2}\cos\frac{x}{2}\right)^2} < 0.$$

Für $x = 0$ und $x = \frac{\pi}{2}$ ist der Fehler $f(x) = 0$, wie man aus (2) oder auch direkt aus der Konstruktion ersieht. Aus dem negativen Vorzeichen der zweiten Ableitung folgt dann, daß $f(x)$ für $0 < x < \frac{\pi}{2}$ positiv, der Kopfsche Winkel also zu klein ist. Das Maximum des Fehlers ergibt sich aus $f'(x) = 0$; man findet

$$(6) \qquad \cos\frac{x}{2} = \frac{3-\sqrt{3}}{\sqrt{2}},$$

also

$$\cos x = 11 - 6\sqrt{3},$$
$$x = 52^0\,34'\,37'',$$
$$\frac{x}{3} = 17^0\,31'\,32{,}3''.$$

Der zugehörige Winkel y ergibt sich durch Einsetzen von (6) in (1); man findet so

$$\operatorname{cotg} y = \sqrt{5+3\sqrt{3}}$$
$$y = 17^0\,23'\,20{,}6''.$$

Der maximale Fehler ist also, auf volle Sekunden aufgerundet, gleich

$$\frac{x}{3} - y = 8'\,12''.$$

Übrigens benutzt Herr Kopf nicht genau die hier mitgeteilte Figur, sondern diejenige, welche aus ihr durch Hinzufügung ihres Spiegelbildes an der Achse AE hervorgeht. An Stelle des Winkels x betrachtet er dann den durch sein Spiegelbild verdoppelten Winkel als gegeben; natürlich muß dieser zunächst halbiert werden. Die Konstruktion ist dann für alle Winkel zwischen 0^0 und 180^0 anwendbar, aber natürlich wird auch der maximale Fehler verdoppelt.

Inhalt.

Akademische Buchdruckerei F. Straub in München.

FSC
www.fsc.org
MIX
Papier | Fördert
gute Waldnutzung
FSC® C083411

Zeitfracht Medien GmbH
Ferdinand-Jühlke-Straße 7
99095 Erfurt, Deutschland
produktsicherheit@kolibri360.de